站在巨人肩上 **3**
On the Shoulders of Giants

世界的和諧（復刻精裝版）

作者：克卜勒（Joannes Kepler）

編 / 導讀：霍金（Stephen Hawking）

譯者：張卜天

責任編輯：湯皓全　美術編輯：何萍萍

法律顧問：董安丹律師、顧慕堯律師

出版者：大塊文化出版股份有限公司　台北市 10550 南京東路 4 段 25 號 11 樓

www.locuspublishing.com　讀者服務專線：0800-006689

TEL: (02) 87123898　FAX: (02) 87123897

郵撥帳號：18955675　戶名：大塊文化出版股份有限公司

版權所有 · 翻印必究

總經銷：大和書報圖書股份有限公司　地址：新北市新莊區五工五路 2 號

TEL: (02) 8990-2588（代表號）　FAX: (02) 2290-1658

二版一刷：2019 年 3 月

定價：新台幣 300 元

世界的和諧 / 克卜勒 (Johannes Kepler) 著；
霍金 (Stephen Hawking) 編 . 導讀；張卜天譯 .
-- 二版 . -- 臺北市：大塊文化 , 2019.03 面；　公分
譯自：Harmonies of the world
ISBN 978-986-213-963-9(精裝)

1. 天文學 2. 幾何 3. 音樂

320　　108001714

Harmonies *of the* World
世界的和諧

克卜勒 著　霍金 編·導讀

張卜天 譯

目錄

關於英文文本的說明

　　本書所選的英文文本均譯自業已出版的原始文獻。我們無意把作者本人的獨特用法、拼寫或標點強行現代化，也不會使各文本在這方面保持統一。

　　約翰內斯·克卜勒的《世界的和諧》（*Harmonies of the World*）共分五卷，作品完成於 1816 年 5 月 27 日，出版時的標題為 *Harmonices Mundi*。這裏選的是 Charles Glen Wallis 的第五卷譯本。

原編者

前　言

　　「如果說我看得比別人更遠，那是因爲我站在巨人的肩上。」伊薩克・牛頓在 1676 年致羅伯特・胡克的一封信中這樣寫道。儘管牛頓在這裏指的是他在光學上的發現，而不是指他關於引力和運動定律那更重要的工作，但這句話仍然不失爲一種適當的評論——科學乃至整個文明是累積前進的，它的每項進展都建立在已有的成果之上。這就是本書的主題，從尼古拉・哥白尼提出地球繞太陽轉的劃時代主張，到愛因斯坦關於質量與能量使時空彎曲的同樣革命性的理論，本書用原始文獻來追溯我們關於天的圖景的演化歷程。這是一段動人心魄的傳奇之旅，因爲無論是哥白尼還是愛因斯坦，都使我們對自己在萬事萬物中的位置的理解發生了深刻的變化。我們置身於宇宙中心的那種特權地位已然逝去，永恆和確定性已如往事雲煙，絕對的空間和時間也已經爲橡膠布所取代了。

　　難怪這兩種理論都遭到了強烈的反對：哥白尼的理論受到了教廷的干預，相對論受到了納粹的壓制。我們現在有這樣一種傾向，即把亞里斯多德和托勒密關於太陽繞地球這個中心旋轉之較早的世界圖景斥之爲幼稚的想法。然而，我們不應對此冷嘲熱諷，這種模型決非頭腦簡單的產物。它不僅把亞里斯多德關於地球是一個圓球而非扁平盤子的推論包含在內，而且在實現其主要功能，即出於占星術的目的而預言天體在天空中的視位置方面也是相當準確的。事實上，在這方面，它足以同 1543 年哥白尼所提出的地球與行星都繞太陽旋轉的異端主

張相媲美。

伽利略之所以會認爲哥白尼的主張令人信服，並不是因爲它與觀測到的行星位置更相符，而是因爲它的簡潔和優美，與之相對的則是托勒密模型中複雜的本輪。在《關於兩門新科學的對話》中，薩耳維亞蒂和薩格利多這兩個角色都提出了有說服力的論證來支持哥白尼，然而第三個角色辛普里修卻依然有可能爲亞里斯多德和托勒密辯護，他堅持認爲，實際上是地球處於靜止，太陽繞地球旋轉。

直到克卜勒開展的工作，日心模型才變得更加精確起來，之後牛頓賦予了它運動定律，地心圖景這才最終徹底喪失了可信性。這是我們宇宙觀的巨大轉變：如果我們不在中心，我們的存在還能有什麼重要性嗎？上帝或自然律爲什麼要在乎從太陽算起的第三塊岩石上（這正是哥白尼留給我們的地方）發生了什麼呢？現代的科學家在尋求一個人在其中沒有任何地位的宇宙的解釋方面勝過了哥白尼。儘管這種研究在尋找支配宇宙的客觀的、非人格的定律方面是成功的，但它並沒有（至少是目前）解釋宇宙爲什麼是這個樣子，而不是與定律相一致的許多可能宇宙中的另一個。

有些科學家會說，這種失敗只是暫時的，當我們找到終極的統一理論時，它將唯一地決定宇宙的狀態、引力的強度、電子的質量和電荷等。然而，宇宙的許多特徵（比如我們是在第三塊岩石上，而不是第二塊或第四塊這一事實）似乎是任意和偶然的，而不是由一個主要方程式所規定的。許多人（包括我自己）都覺得，要從簡單定律推出這樣一個複雜而有結構的宇宙，需要借助於所謂的「人擇原理」，它使我們重新回到了中心位置，而自哥白尼時代以來，我們已經謙恭到不再作此宣稱了。人擇原理基於這樣一個不言自明的事實，那就是在我們已知的產生（智慧？）生命的先決條件當中，如果宇宙不包含恆星、行星以及穩定的化合物，我們就不會提出關於宇宙本性的問題。即使終極理論能夠唯一地預測宇宙的狀態和它所包含的東西，這一狀態處在使生命得以可能的一個小子集中也只是一個驚人的巧合罷了。

然而，本書中的最後一位思想家阿爾伯特・愛因斯坦的著作卻提

出了一種新的可能性。愛因斯坦曾對量子理論的發展起過重要的作用，量子理論認為，一個系統並不像我們可能認為的那樣只有單一的歷史，而是每種可能的歷史都有一些可能性。愛因斯坦還幾乎單槍匹馬地創立了廣義相對論，在這種理論中，空間與時間是彎曲的，並且是動力學的。這意味著它們受量子理論的支配，宇宙本身具有每一種可能的形狀和歷史。這些歷史中的大多數都將非常不適於生命的成長，但也有極少數會具備一切所需的條件。這極少數歷史相比於其他是否只有很小的可能性，這是無關緊要的，因為在無生命的宇宙中，將不會有人去觀察它們。但至少存在著一種歷史是生命可以成長的，我們自己就是證據，儘管可能不是智慧的證據。牛頓說他是「站在巨人的肩上」，但正如本書所清楚闡明的，我們對事物的理解並非只是基於前人的著作而穩步前行的。有時，正像面對哥白尼和愛因斯坦那樣，我們不得不向著一個新的世界圖景做出理智上的跨越。也許牛頓本應這樣說：「我把巨人的肩用做了跳板。」

克卜勒生平與著作

　　如果要把一個獎項授予歷史上最致力於追求絕對精確性的人，那麼這位獲獎者很可能就是德國天文學家約翰內斯‧克卜勒（1571～1630）。克卜勒對測量是如此地著迷，以至於他甚至把自己出生之前的姙娠期精確到了分——224天9小時53分（他是一個早產兒）。因此，他在自己的天文學研究上所傾注的心血能夠使他制定出他那個時代最爲精確的天文星表，從而使行星體系的太陽中心說最終爲人們所接受也就不足爲奇了。

　　哥白尼的著作對克卜勒有很大啓發。與哥白尼類似，克卜勒也是一個宗教信仰很深的人。他把自己對宇宙性質的日復一日的研究視爲一個基督徒應盡的義務，即理解上帝創造的這個世界。但與哥白尼相比，克卜勒的生活更加動盪不定、清苦拮据。由於總是缺錢，克卜勒往往要靠出版一些占星曆書和天宮圖維持生活，而頗具諷刺意味的是，當所做預言後來被證明是正確的時候，這些東西竟使他在當地留下了某些惡名。此外，克卜勒行爲怪異的母親卡特麗娜（Katherine）以施展巫術而聞名，並因此差點兒被處以火刑。克卜勒不僅過早地失去了他的幾個孩子，而且還因爲不得不在法庭上爲自己的母親辯護而受到侮辱。

　　克卜勒與許多人都有聯繫，其中最著名的要算是他與偉大的裸眼天文觀測家第谷‧布拉赫（Tycho Brahe）的關係了。第谷一生中的大部分時間都致力於記錄和觀測，但他卻缺乏必要的數學和分析技巧

來理解行星的運行。第谷是一個富有的人，他雇請克卜勒弄明白已經困擾了天文學家很多年的火星軌道資料的含義。借助於第谷的資料，克卜勒煞費苦心，終於把火星的運行軌道描繪成一個橢圓，這一成功賦予了哥白尼的太陽中心體系模型以數學上的可信性。他關於橢圓軌道的發現開啟了一個嶄新的天文學時代，行星的運行可以得到預言了。

儘管獲得了這些成就，克卜勒卻從未得到多少財富或聲望，他經常被迫逃離他所寄居的國家。宗教紛爭和國內動盪使他不得不如此。當他於 1630 年在快滿 59 歲去世前（當時他正試圖索要欠薪），他已經發現了行星運動三定律。直到 21 世紀的今天，學生在物理課堂上仍要學習這些定律。正是克卜勒的第三定律，而不是一個蘋果，才幫助牛頓發現了萬有引力定律。

1571 年 12 月 27 日，約翰內斯·克卜勒出生在德國符騰堡（Württemburg）的小城魏爾（Weil）。按照約翰內斯的說法，他的父親海因里希·克卜勒（Heinrich Kepler）是「一個邪惡粗鄙、尋釁鬥毆的士兵」。他曾經數次拋下家庭，獨自隨雇傭軍一起到荷蘭幫助鎮壓一場新教徒的暴動，後被認爲是死在了荷蘭。小約翰內斯跟隨他的母親卡特麗娜在他祖父的小酒館裏生活，儘管他身體不好，但小小年紀就要在餐桌旁服務。克卜勒不僅近視，而且小時候的一場差點要了他命的天花還給他留下了看東西重影的後遺症。他的腹部有毛病，手指也是「殘廢的」，在他的家人看來，這使他沒能把牧師當做自己的職業。

「脾氣暴烈」和「饒舌不休」是克卜勒用來形容他母親卡特麗娜的兩個詞，但他從小就知道，這是他父親造成的。卡特麗娜本人是由一個因施展巫術而被處以火刑的姑姑養大的，所以在克卜勒看來，自己的母親後來面臨類似的指控，也就沒有什麼可奇怪的了。1577 年，卡特麗娜曾把天空中出現的一顆「大彗星」指給兒子看，克卜勒後來承認，與母親共度的這一刻對自己的一生都有持續的影響。儘管童年充滿了痛苦和憂慮，但克卜勒顯然是才華出眾的，他成功地獲得了一項獎學金，這個獎是授予那些住在德國斯瓦比亞（Swabia）省以外，

經濟條件不佳但卻有發展前途的男孩子。他先是上了萊昂貝格（Leon-berg）的德語寫作學校，然後轉到了一所拉丁語學校，這所學校幫助他培養了後來那種拉丁文寫作風格。由於體格孱弱，再加上少年老成，克卜勒沒少受同學們的欺負，他們認為克卜勒自詡無所不知。作為一種擺脫這種困境的方式，克卜勒不久就轉而研究宗教了。

1587 年，克卜勒進入杜賓根大學學習神學和哲學。在那裏，他認真學習了數學和天文學，並且成了一名頗受爭議的哥白尼太陽中心說的擁護者。年輕的克卜勒公開為哥白尼的宇宙模型進行辯護，並且經常積極參加關於這一話題的公開討論。儘管他主要還是對神學感興趣，但他卻越來越被一個以太陽為中心的宇宙的魅力所吸引。他本打算 1591 年從杜賓根大學畢業之後留在那裏教授神學，但一封推薦他到奧地利格拉茨（Graz）的新教學校擔任數學和天文學教職的信使他改變了主意。於是，22 歲的克卜勒並沒有選擇做一名研究科學的牧師，但他永遠都堅信上帝在創造這個宇宙的過程中所扮演的角色。

在 16 世紀的時候，天文學與占星術之間的分別還很模糊。身為一名數學家，克卜勒在格拉茨的職責之一就是編寫一部完整的、能夠用來預測的占星曆書。這在當時是一項普通的工作，克卜勒顯然是受到了這項工作所能帶來的額外收入的鼓舞，但他卻沒有料到，自己的第一部曆書會引起民眾怎樣的反應。他預言了一個格外寒冷的冬天和一次土耳其的入侵，當兩個預言都變為現實的時候，克卜勒被歡呼為一個先知。儘管呼聲很高，他卻從未看重自己的編曆工作。他稱占星術為「天文學愚蠢的小女兒」，所以既對民眾的興趣置之不理，又對占星術士的意圖嗤之以鼻。「如果占星術士有可能是正確的話，」他寫道：「那也只能說明運氣不錯。」不過，當手頭緊的時候，克卜勒從來都是轉向了占星術，這在他的一生中屢見不鮮，而且他也的確希望能在占星術中發現某種真正的科學。

有一天，當克卜勒在格拉茨作幾何講演的時候，他突然得到了一個啟發，這個啟發使他踏上了一段激情澎湃的旅程，他的整個生活為之改觀。克卜勒感到，這是理解宇宙的祕密鑰匙。他在課堂的黑板上

畫了一個圓，在圓裏畫了一個等邊三角形，又在三角形裏畫了一個圓。他突然意識到，這兩個圓之比可以用來表示土星與木星軌道之比。受此啟發，他假定當時已知的所有六顆行星都是以這樣的方式圍繞太陽排列的，幾何圖形可以完美地鑲嵌於其間。開始的時候，他用五邊形、正方形和三角形這樣的二維平面圖形來檢驗這一假說，但沒有成功。然後他又轉向古希臘人曾經用過的畢達哥拉斯立體，他們發現只有五種立體可以用正幾何圖形構造出來。在克卜勒看來，這五個間隔就解釋了為什麼只能存在六顆行星（水星、金星、地球、火星、木星和土星），以及為什麼這些間隔是不同的。這個關於行星軌道與距離的幾何理論激勵克卜勒寫出了《宇宙的奧祕》（*Mystery of the Cosmos* 或 *Mysterium Cosmographicum*），並於 1596 年出版。儘管方案很正確，但寫這本書卻花了他差不多一年的時間。他顯然非常確信自己的理論最終能夠得到證實：

> 我從這個發現中所獲得的欣喜之情難以言表。我不後悔浪費了時間，不厭倦勞作，不躲避計算的艱辛，夜以繼日地進行運算，為的是能夠明白這一想法是否能與哥白尼的軌道相符，或者我的喜悅是否會是一場空。有些時候，事情的進展盡如人意，我看到一個又一個的正多面體在行星之間精確地各居其位。

在這之後，克卜勒一直致力於可能證實其理論的數學證明和科學發現。《宇宙的奧祕》是自哥白尼的《天體運行論》以來所出版的第一部明確的哥白尼主義者的著作。身為一名神學家和天文學家，克卜勒決心理解上帝是如何設計以及為什麼要設計這樣一個宇宙的。儘管擁護日心體系有著嚴肅的宗教內涵，但克卜勒堅持認為，太陽位於中心對於上帝的設計是至關重要的，因為它使諸行星聯合起來連續不斷地運動。在這種意義上，克卜勒打破了哥白尼的「接近」中心的日靜體系，而把太陽徑直放在了體系的中心。

克卜勒的多面體在今天似乎很難行得通。然而，儘管《宇宙的奧

祕》的前提是錯誤的，其結論卻是驚人地準確，它對近代科學進程的影響是決定性的。當這本書出版之後，克卜勒寄給了伽利略一本，勸他「相信並挺身而出」，但這位義大利天文學家卻因其外表上的思辨性質而拒絕了這部著作。而第谷‧布拉赫卻立即被它吸引住了。他認為克卜勒的這部著作很有創見，令人振奮，還寫了一篇詳細的評論來支持這本書。克卜勒後來寫道，人們對《宇宙的奧祕》的反應改變了他一生的方向。

1597 年，另有一件事情改變了克卜勒的生活，他愛上了巴爾巴拉‧米勒（Barbara Müller），一位富有的磨坊主的大女兒，他們於當年的 4 月 27 日結婚。克卜勒後來在日記裏寫道，這一天的星象不吉。他的預言能力又一次顯示，這種婚姻關係會走向解體。他們的前兩個孩子很小就夭折了，這使克卜勒痛苦得幾乎發狂。他拚命忘我地工作，以使自己從痛苦中解脫出來，但他的妻子卻不理解他的追求。「肥胖臃腫、思想混亂、頭腦簡單」是他在日記裏形容她的話，儘管這場婚姻持續了 14 年，直到她 1611 年死於斑疹傷寒才宣告結束。

1598 年 9 月，身為天主教徒的大公命令克卜勒和格拉茨的其他路德教徒離開這座城市，他決心要把路德教從奧地利清除出去。在造訪了第谷‧布拉赫在布拉格的伯那特基（Benatky）城堡之後，克卜勒被這位富有的丹麥天文學家邀請留在那裏進行研究。克卜勒在見到第谷以前就已經對他有所瞭解了。「我對第谷的看法是這樣的：他極為富有，但正像大多數有錢人那樣，他並不知道應當如何利用這一點，」他寫道「因此，必須努力把他的財富從他的手裏奪走。」

如果說克卜勒與妻子的關係並不複雜的話，那麼當克卜勒與身為貴族的第谷進行合作時，情況可就不是這樣了。起初，第谷把年輕的克卜勒當成一名助手，只是認真地給他安排任務，而不讓他接觸詳細的觀測資料。克卜勒極其希望能夠受到平等的對待，並能獲得某些獨立性，但第谷卻另有一番打算，他想利用克卜勒去建立他自己的行星體系模型——一個克卜勒並不認同的非哥白尼模型。

克卜勒深感沮喪。第谷掌握著翔實的觀測資料，但缺少數學工具

來透徹地理解它們。最後，也許是為了安撫這位心神不安的助手，第谷指派克卜勒去研究火星的軌道，它已經困擾了這位丹麥天文學家一段時間了，因為火星軌道似乎最偏離圓形。一開始，克卜勒認為自己可以在 8 天內解決這個問題，但事實上，這項工作花去了他 8 年的時間。儘管後來證明此項研究是困難的，但這並非得不償失，因為它引導克卜勒發現了火星的精確軌道是一個橢圓，並使其在 1609 年出版的《新天文學》（*Astronomia Nova*）中提出了他的前兩條「行星定律」。

在與第谷合作了一年半之後，有一次吃飯時，這位丹麥天文學家忽然得了重病，幾天後便因膀胱感染而去世。克卜勒接替了其皇家數學家的職位，不再受其提防，而可以自由地研究行星理論了。克卜勒意識到了這次機會，於是立即設法趕在第谷的繼承人之前弄到了他渴望已久的數據資料。克卜勒後來寫道：「我承認，當第谷去世的時候，我趁其繼承人未加注意，迅速掌握了那些觀測資料，或可說是篡奪了它們。」結果就是《魯道夫星表》（*Rudolphine Tables*）的誕生，它是對第谷 30 年觀測資料的一次編輯整理。公平地說，第谷在臨死時曾敦促克卜勒完成這份星表，但克卜勒並沒有像第谷所希望的那樣，按照第谷的假說來做這項工作，而是用包含著他自己發展的對數運算的資料來預測行星的位置。他能夠預測水星與火星沖日的時間，儘管他在有生之年沒有見證它們。然而，直到 1627 年克卜勒才出版《魯道夫星表》，因為他所發現的資料總是把他引向新的方向。

第谷去世以後，克卜勒觀測到了一顆新星，這顆星後來以「克卜勒新星」而得名。此外，他還根據光學理論做了實驗。儘管與天文學和數學上的成就相比，科學家和學者們認為克卜勒的光學工作不太重要，但他 1611 年出版的《屈光學》（*Dioptrices*）卻改變了光學的進程。

1605 年，克卜勒公佈了他的第一定律，即橢圓定律。這條定律說，諸行星均以橢圓繞太陽運行，太陽位於橢圓的一個焦點上。克卜勒斷言，當地球沿橢圓軌道運行時，一月份距太陽最近，六月份距太陽最遠。他的第二定律，即等面積定律，則進一步指出，行星在相等時間內掃過相等的面積。克卜勒說，如果假想一條從行星引向太陽的直線，

那麼該直線必定在相等時間內掃過相等的面積。他於 1609 年出版的
《新天文學》中發表了這兩條定律。

　　然而，儘管有著皇家數學家的頭銜，並因伽利略請其對新的望遠
鏡發現發表意見而成了著名科學家，但克卜勒並不能保證自己過上安
定的生活。布拉格的宗教紛爭危及到了他這個新的家鄉，他的妻子和
最心愛的兒子也於 1611 年離開了人世。克卜勒被特許回到林茨，1613
年，他同一位 24 歲的孤兒蘇珊娜・羅伊廷格（Susanna Reuttinger）
結婚，她後來為克卜勒生下了七個孩子，但只有兩個活到了成年。正
在這時，克卜勒的母親被人指控施展巫術，克卜勒不得不一面承受他
個人生活中的巨大紛亂，一面為了使她免於火刑而奮力辯護。卡特麗
娜被判入獄，受到了拷問，但她的兒子卻設法使其被判無罪，卡特麗
娜獲得了釋放。

　　由於多方掣肘，克卜勒在剛回到林茨的一段時間裏並不多產。由
於心神難以安寧，他不得不把注意力由星表轉到《世界的和諧》（Har-
monice Mundi）的寫作。馬科斯・卡斯帕（Max Caspar）在克卜勒
的傳記中曾把這部充滿激情的著作形容為「一幅由科學、詩、哲學、
神學和神祕主義編織成的宏偉宇宙景觀」。1618 年 5 月 27 日，克卜勒
完成了《世界的和諧》。他用了五卷的篇幅，把他的和諧理論拓展到了
音樂、占星術、幾何學和天文學上，他的行星運動第三定律也包含其
中，60 年之後，它將啓發伊薩克・牛頓。這條定律說，諸行星與太陽
的平均距離的立方正比於運轉週期的平方。簡而言之，克卜勒發現了
行星是如何沿軌道運行的，這樣就為牛頓發現為什麼會以這種方式運
行鋪平了道路。

　　克卜勒確信自己已經發現了上帝設計宇宙的邏輯，他無法抑制自
己的狂喜。在《世界的和諧》第五卷中，他這樣寫道：

　　　　我要以坦誠的告白盡情嘲弄人類：我竊取了埃及人的金瓶，
　　卻用它們在遠離埃及疆界的地方給我的上帝築就了一座聖所。如
　　果你們寬恕我，我將感到欣慰；如果你們申斥我，我將默默忍受。

總之書是寫成了，骰子已經擲下去了，人們是現在讀它，還是將來子孫後代讀它，這都無關緊要。既然上帝為了他的研究者已經等了 6000 年，那就讓它為讀者等上 100 年吧！

開始於 1618 年的三十年戰爭給奧地利和德國造成了巨大損失，克卜勒也被迫於 1626 年離開了林茨。最終，他在西里西亞的小城薩岡（Sagan）定居下來，並在那裏試圖完成一部可以稱得上是科幻小說的著作。這部著作他已著手多年，為的是在他母親因施巫術而受審期間，掙得少許費用。《月亮之夢》①（Somnium seu astronomia lunari）講的是主人公與一個狡猾的「惡魔」的會面，後者向主人公解釋了如何能夠到月亮上去旅行。這部著作在卡特麗娜受審的時候即被發現，且不幸成為物證。克卜勒極力為之辯護，聲稱它只是純粹的虛構，惡魔不過是一個文學設計而已。這部著作的獨特之處在於，它不僅在幻想方面超前於它所處的時代，而且也是一部支持哥白尼理論的著作。

1630 年，當克卜勒 58 歲的時候，他發現自己在經濟上又一次陷入了窘境。他啟程前往雷根斯堡（Regensburg），希望此行能夠索回一些債券的利息以及別人欠他的錢。然而剛到那裏幾天他就發起了燒，旋即於 11 月 5 日去世。儘管克卜勒從未獲得像伽利略那樣高的聲望，但他的著作對於像牛頓這樣的職業天文學家極其有用，他們會仔細研究克卜勒科學的細節和精確性。約翰內斯·克卜勒更看重審美上的和諧與秩序，他的所有發現都與自己對上帝的看法密不可分。他為自己撰寫的墓誌銘是：「我曾測天高，今欲量地深。我的靈魂來自上天，凡俗肉體歸於此地。」

①直譯應為《夢或月亮天文學》。——中譯者

第五卷

論天體運動完美的和諧以及由此
得到的離心率、半徑和週期的起源

依據目前最爲完善的天文學學說所建立的模型，以及業已取代托勒密、且被公認爲正確的哥白尼和第谷‧布拉赫的假說。

我正在進行一次神聖的討論，這是一首獻給上帝這位造物主的眞正頌歌。我以爲，虔誠不在於用大批公牛作犧牲給他獻祭，也不在於用數不清的香料和肉桂給他焚香，而在於首先自己領會他的智慧是如何之高，能力是如何之大，善是如何之寬廣，然後再把這些傳授給別人。因爲希望盡其所能爲應當增色的東西增光添彩，而不去嫉妒它的閃光之處，我把這看做至善之象徵；探尋一切可能使他美爰絕倫的東西，我把這看做非凡智慧之表現；履行他所頒佈的一切事務，我把這看作不可抗拒之偉力。

　　　　　　　　　　　——蓋倫，《論人體各部分的用處》，第三卷①

① 原書爲 Galen. *De usu partium corporis humani*。本書的部分注釋參考了 Johannes Kepler, *The Harmony of the World*, trans. E. J. Aiton. A. M. Duncan and J. V. Field, *Memoirs of the American Philosophical Society*, Vol.209 以及 Bruce Stephenson, *The Music of the Heavens*, Princeton University Press, 1994。——中譯者

序言

關於這個發現，我 22 年前發現天球之間存在著五種正多面體時就曾預言過，在我見到托勒密的《和聲學》(*Harmonica*)② 之前就已經堅信不移了；遠在我對此確信無疑以前，我曾以本書第五卷的標題向我的朋友允諾過；16 年前，我曾在一本出版的著作中堅持要對它進行研究。爲了這個發現，我已把我一生中最好的歲月獻給了天文學事業，爲此，我曾拜訪過第谷‧布拉赫，並選擇在布拉格定居。最後，至高至善的上帝開啓了我的心靈，激起了我強烈的渴望，延續了我的生命，增強了我精神的力量，還惠允兩位慷慨仁慈的皇帝以及上奧地利地區的長官們滿足了我其餘的要求。我想說的是，當我在天文學領域完成了足夠多的工作之後，我終於撥雲見日，發現它甚至比我曾經預期的還要眞實：連同第三卷中所闡明的一切，和諧的全部本質都可以在大體運動中找到，而且它所呈現出來的並不是我頭腦中曾經設想的那種模式（這還不是最令我興奮的），而是一種非常完美的迥然不同的方式。正當重建天體運動這項極爲艱苦繁複的工作使我進退維谷之時，閱讀托勒密的《和聲學》極大地增強了我對這項工作的興趣和熱情。這本書是以抄本的形式寄給我的，寄送人是巴伐利亞的總督約翰‧格奧格‧赫瓦特（John George Herward）先生，一個爲推進哲學而生的學識淵博的人。出人意料的是，我驚奇地發現，這本書的幾乎整個第三卷在 1500 年前就已經討論了天體的和諧。不過在那個時候，天文學還遠沒有成熟，托勒密通過一種不幸的嘗試，可能已經使人陷入了絕望。他就像西塞羅（Cicero）筆下的西庇阿（Scipio），似乎講述了一個令人愜意的畢達哥拉斯之夢，卻沒有對哲學有所助益。然而粗陋

---

② 《和聲學》是托勒密的一部關於音樂的三卷本論著，不過這裏的「和聲」不具有它現在所具有的意義，或可譯爲《音樂原理》。——中譯者

的古代哲學竟能與時隔 15 個世紀的我的想法完全一致，這極大地增強了我把這項工作繼續下去的力量。因爲許多人的作用爲何？事物的眞正本性正是通過不同時代的不同闡釋者才把自身揭示給人類的。兩個把自己完全沉浸在對自然的思索當中的人，竟對世界的形構有著同樣的想法，這種觀念上的一致正是上帝的點化（套用一句希伯來人的慣用語），因爲他們並沒有互爲對方的嚮導。從 18 個月前透進來的第一線曙光，到 3 個月前的一天的豁然開朗，再到幾天前思想中那顆明澈的太陽開始盡放光芒，我始終勇往直前，百折不回。③ 我要縱情享受那神聖的狂喜，以坦誠的告白盡情嘲弄人類：我竊取了埃及人的金瓶，④卻用它們在遠離埃及疆界的地方給我的上帝築就了一座聖所。如果你們寬恕我，我將感到欣慰；如果你們申斥我，我將默默忍受。總之書是寫成了，骰子已經擲下去了，人們是現在讀它，還是將來子孫後代讀它，這都無關緊要。既然上帝爲了他的研究者已經等了 6000 年，那就讓它爲讀者等上 100 年吧！

本卷分爲以下各章：

第一章，論五種正多面體；

第二章，論和諧比例與五種正多面體之間的關係；

第三章，研究天體和諧所必需的天文學原理之概要；

第四章，哪些與行星運動有關的事物表現了簡單和諧，曲調中出現的所有和諧都可以在天上找到；

第五章，音階的音符或在體系中的音高以及大小兩種音程都表現於特定的運動；

第六章，音調或音樂的調式分別以某種方式表現於每顆行星；

③克卜勒把他首次嘗試發現第三定律的時間追溯到了 1616 年末。1618 年 3 月 8 日，他已經得到了這條定律，卻又把它當作計算錯誤拋棄了。兩個多月後，在寫這段文字的前幾天，他於 1618 年 5 月 15 日發現了這條定律。——中譯者

④克卜勒在這裏暗指以色列人從埃及人那裏偷走金銀器物（《出埃及記》12：35-36），並在逃離埃及之後用它們建了一座聖所（《出埃及記》25：1-8）的故事。——中譯者

第七章，所有行星之間的對位或普遍和諧可以存在，而且可以彼此不同；

第八章，四種聲部表現於行星：女高音、女低音、男高音和男低音；

第九章，證明為產生這種和諧佈局，行星的離心率只能取為它實際所具有的值；

第十章，結語：關於太陽的諸多猜想。

在開始探討這些問題以前，我想先請讀者銘記蒂邁歐（Timaeus）這位異教哲學家在開始討論同樣問題時所提出的勸誡。基督徒應當帶著極大的讚美之情去學習這段話，而如果他們沒有遵照這些話去做，那就應當感到羞愧。這段話是這樣的：

> 蘇格拉底，凡是稍微有一點頭腦的人，在每件事情開始的時候總要求助於神，無論這件事情是大是小。我們也不例外，如果我們不是完全喪失理智的話，要想討論宇宙的本性，考察它的起源；或者要是沒有起源的話，它是如何存在的？我們當然也必須向男女衆神求助，祈求我們所說的話首先能夠得到諸神的首肯，其次也能為你所接受。⑤

第一章　論五種正多面體

我已經在第二卷中討論過，正平面圖形是如何鑲嵌成多面體的。在那裏，我曾談到由平面圖形所組成的五種正多面體，並且說明了為什麼數目是五，還解釋了柏拉圖主義者為什麼要稱它們為宇宙形體（figures），以及每種立體因何種屬性而對應著何種元素。在本卷的開篇，我必須再次討論這些多面體，而且只是就其本身來談，而不考慮

⑤柏拉圖：《蒂邁歐篇》，27C。——中譯者

平面，對於天體的和諧而言，這已經足夠了。讀者可以在《哥白尼天文學概要》（*Epitome of Astronomy*）第二編⑥第四卷中找到其餘的討論。

　　根據《宇宙的奧祕》，我想在這裏簡要解釋一下宇宙中這五種正多面體的次序，在它們當中，三種是初級形體，⑦兩種是次級形體：⑧(1)**立方體**：它位於最外層，體積也最大，因爲它是首先產生的，並且從天生就具有的形式來看，它有著**整體**的性質；接下來是(2)**四面體**：它好像是從正方體上切割下來的一個**部分**，不過就像立方體一樣，它也有三線立體角，從而也是初級形體；在四面體內部是(3)**十二面體**：即初級形體中的最後一種，它好像是由立方體的某些部分和四面體的類似部分（即不規則四面體）所組成的一個立體，它蓋住了裏面的立方體；接下來是(4)**二十面體**：根據相似性，它是次級形體中的最後一種，有著多於三線的立體角；最後是位於最內層的(5)**八面體**：與正方體類似，它是次級形體的第一種。正如正方體因外接而佔據最外層的位置，八面體也因內接而佔據最內層的位置。⑨

　　然而，在這些多面體中存在著兩組值得注意的不同等級之間的結合（wedding）：雄性一方是初級形體中的立方體和十二面體，雌性一方則是次級形體中的八面體和二十面體；除此以外，還要加上一個獨身者或雌雄同體，即四面體，因爲它可以內接於自身，就像雌性立體可以內接於雄性立體，彷彿隸屬於它一樣。雌性立體所具有的象徵與雄性象徵相反，前者是面，後者是角。⑩此外，正像四面體是雄性正方體

---

⑥其實應爲第一編。——中譯者

⑦初級形體是那些立體角由三條線所組成的圖形。——中譯者

⑧次級形體是那些立體角由多於三條線所組成的圖形。——中譯者

⑨下面兩幅插圖是克卜勒原著中的插圖，這裏爲中譯者所加。——中譯者

⑩顯然，雄性象徵是角或頂點，雌性象徵是面。如上頁圖所示，雄性多面體的頂點數多於面數，雌性多面體的面數多於頂點數，而雌雄同體的多面體的頂點數和面數一樣多。在每一組結合中，雄性成員的頂點數等於雌性成員的面數，所以當雌性形體內接於雄性

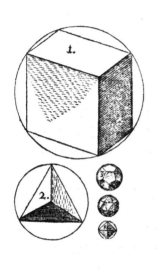

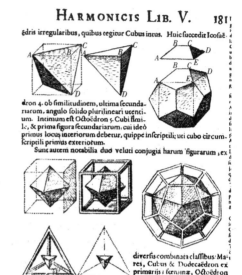

的一部分，宛如其內臟和肋骨一樣，從另一種方式來看，[11] 雌性的八面體也是四面體的一部分和體內成分，因此，四面體是該組結合的仲介。

這些結合或家庭之間的最大區別是：立方體結合之間的比例是**有理的**，因為四面體是立方體的三分之一，[12] 八面體是四面體的二分之一和立方體的六分之一；但十二面體的結合的比例[13] 是**無理的〔不可表達的（ineffabilis）〕**，不過是**神聖的**[14]。

形體時，頂點和面恰好相對。雌雄同體的四面體則可以內接於另一個四面體。還有一點很重要，那就是每一組結合中的兩個多面體的外接球與內接球的半徑之比相等。——中譯者

[11] 四面體的各邊中點形成了八面體的各頂點。——中譯者

[12] 即四面體的體積是立方體的三分之一，下同。——中譯者

[13] 即可內接於十二面體的二十面體與十二面體的體積之比。——中譯者

[14] 即為黃金分割比。參見《世界的和諧》，第一卷，定義 26。——中譯者

　　由於這兩個詞連在一起使用，所以務請讀者注意它們的含義。與神學或神聖事物中的情形不同，「不可表達」在這裏並不表示高貴，而是指一種較為低等的情形。正如我在第一卷中所說，幾何學中存在著許多由於自身的無理性而無法涉足神聖比例的無理數。至於神聖比例（毋寧說是神聖分割）指的是什麼，你必須參閱第一卷的內容。因為一般比例需要有四項，連比例需要有三項，而神聖比例除去比例本身的性質以外，還要求各項之間存在著一種特定的關係，即兩個小項作為部分構成整個大項。因此，儘管十二面體的結合比例是無理的，但這卻反而成就了它，因為它的無理性接近了神。這種結合還包括了星狀多面體，它是由正十二面體的五個面向外延展，直至彙聚到一點產生的。[15] 讀者可以參見第二卷的相關內容。[16]

　　最後，我們必須關注這些正多面體的外接球的半徑與內切球的半徑之比：對於四面體而言，這個值是有理的，它等於 100000:33333 或 3:1；對於立方體的結合[17] 而言，該值是無理的，但內切球半徑的平方卻是有理的，它等於（外接球）半徑平方的三分之一的平方根，即 100000:57735；對於十二面體的結合[18] 則顯然是無理的[19]，它大約等

---

⑮克卜勒認為星狀多面體僅僅是由正十二面體和正二十面體衍生出來的，而沒有把它算作另一種基本的正多面體。——中譯者

⑯參見《世界的和諧》第二卷，命題 26。——中譯者

⑰即立方體和八面體。每一組結合中的兩個多面體的內切球的半徑與外接球的半徑之比相等。——中譯者

⑱即十二面體和二十面體。——中譯者

⑲其準確值等於 $1:\sqrt{15-6\sqrt{5}}$。——中譯者

於 100000:79465；對於星狀多面體，該值等於 100000:52573，即二十
邊形邊長的一半或兩半徑間距的一半。

第二章　論和諧比例與五種正多面體之間的關係

這些關係[20] 不僅多種多樣，而且層次也不盡相同，我們可以由此把
它們分為四種類型：它或者僅來源於多面體的外在形狀；或者在構造
稜邊時產生了和諧比例；或者來源於已經構造出來的多面體，無論是
單個的還是組合的；或者等於或接近於多面體的內切球與外接球之
比。

對於第一種類型的關係，如果比例的特徵項或大項為 3，則它們就
與四面體、八面體和二十面體的三角形面有關係；如果大項是 4，則與
立方體的正方形面有關係；如果大項是 5，則與十二面體的五邊形面
有關係。這種面相似性也可以拓展到比例中的小項，於是，只要 3 是
連續雙倍比例中的一項，則該比例就必定與前三個多面體有關係，比
如 1:3、2:3、4:3 和 8:3 等等；如果這一項是 5，則這個比例就必定與十
二面體的結合有關係，比如 2:5、4:5 和 8:5。類似的，3:5、3:10、6:5、
12:5 和 24:5 也都屬於這些比例。但如果表示這種相似性的是兩比例項
之和，那麼這種關係存在的可能性就較小了。比如在 2:3 中，兩比例項
加起來等於 5，於是 2:3 近似與十二面體有關係。因立體角的外在形式
而具有的關係與此類似：在初級多面體中，立體角是三線的，在八面
體中是四線的，在二十面體中是五線的。因此，如果比例中的一項是
3，則該比例將與初級多面體有關係；如果是 4，則與八面體有關係；
如果是 5，則與二十面體有關係。對於雌性多面體，這種關係就更為明
顯了，因為潛藏於其內部的特徵圖形具有與角同樣的形式：八面體中

---

[20] 克卜勒所使用的原拉丁文詞為 cognatio，表示一種內在固有的親緣關係。為了表述的
　　方便，這裏姑且譯為「關係」。——中譯者

是正方形，二十面體中是五邊形。㉑ 所以 3:5 有兩個理由屬於二十面體。

對於第二種起源類型的關係，可做如下考慮：首先，有些整數之間的和諧比例與某種結合或家庭有關係；或者說，完美比例只與立方體家庭有關係。而另一方面，也有一些比例無法用整數來表示，而只能通過一長串整數逐漸逼近。如果這一比例是完美的，它就被稱爲**神聖的**，並且自始至終都以各種方式規定著十二面體的結合。因此，以下這些和諧比例 1:2、2:3、3:5、5:8 是導向這一比例的開始。如果比例總是和諧的，因 1:2 最不完美，5:8 稍完美一些，我們把 5 加上 8 得到 13，並且在 13 前面添上 8，那麼得出的比例就更完美了。㉒

此外，爲了構造多面體的稜邊，（外接）球的直徑必須被切分。八面體需要直徑分爲兩半，立方體和四面體需要分爲 3 份，十二面體的結合需要分爲 5 份。因此，多面體之間的比例是根據表達比例的這些數字而分配的。直徑的平方也要切分，或者說多面體稜邊的平方由直徑的某一固定部分形成。然後，把稜邊的平方與直徑的平方相比，於是就構成了如下比例：正方體是 1:3，四面體是 2:3，八面體是 1:2。如果把兩個比例複合在一起，則正方體和四面體得出的複合比例是1:2，立方體和八面體是2:3，八面體和四面體是 3:4，十二面體的結合的各邊是無理的。

第三，由已經構造出來的多面體可以根據各種不同方式產生和諧比例。我們或者把每一面的邊數與整個多面體的稜數相比，得到如下比例：正方體是 4:12 或 1:3，四面體是 3:6 或 1:2，八面體是 3:12 或 1:4，十二面體是 5:30 或 1:6，二十面體是 3:30 或 1:10；或者把每一面的

㉑ 即八面體的四線立體角和二十面體的五線立體角分別與八面體中的正方形和二十面體中的五邊形具有相同的形式。——中譯者

㉒ 克卜勒這裏引用的比例是菲波那契（Fibonacci）數列的連續幾項。如果無限發展下去，它的比值就將接近黃金分割，即十二面體結合的神聖比例。——中譯者

邊數與面數相比,得到以下比例:正方體是 4:6 或 2:3,四面體是 3:4,八面體是 3:8,十二面體是 5:12,二十面體是 3:20;或者把每一面的邊數或角數與立體角的數目相比,得到以下比例:正方體是 4:8 或 1:2,四面體是 3:4,八面體是 3:6 或 1:2,十二面體的結合是 5:20 或 3:12(即 1:4);或者把面數與立體角的數目相比,得到以下比例:立方體是 6:8 或 3:4,四面體是 1:1,十二面體是 12:20 或 3:5;或者把全部邊數與立體角的數目相比,得到以下比例:立方體是 8:12 或 2:3,四面體是 4:6 或 2:3,八面體是 6:12 或 1:2,十二面體是 20:30 或 2:3,二十面體是 12:30 或 2:5。

這些多面體彼此之間也可以相比。如果通過幾何上的內嵌,把四面體嵌入立方體,把八面體嵌入四面體和立方體,則四面體等於立方體的三分之一,八面體等於四面體的二分之一和立方體的六分之一,所以內接於球的八面體等於外切於球的立方體的六分之一。其餘多面體之間的比例都是無理的。

對於我們的研究來說,第四類或第四種程度的關係是更為適當的,因為我們所尋求的是多面體的內切球與外接球之比,計算的是與此接近的和諧比例。只有在四面體中,內切球的直徑才是有理的,即等於外接球的三分之一。但在立方體的結合中,這唯一的比例只有在相應線段平方之後才是有理的,因為內切球的直徑與外接球的直徑之比為 1:3 的平方根。如果把這些比例相互比較,則四面體的兩球之比[23]將等於立方體兩球之比的平方。在十二面體的結合中,兩球之比仍然只有一個值,不過是無理的,稍大於 4:5。因此,與立方體和八面體的兩球之比相接近的和諧比例分別是稍大的 1:2 和稍小的 3:5;而與十二面體的兩球之比相接近的和諧比例分別是稍小的 4:5 和 5:6,以及稍大的 3:4 和 5:8。

[23] 即內切球與外接球的直徑或半徑之比,下同。——中譯者

　　然而，如果由於某種原因，1:2 和 1:3 被歸於立方體，[24] 而且確實就用這個比例，則立方體的兩球之比與四面體的兩球之比之間的比例，將等於已被歸於立方體的和諧比例 1:2 和 1:3 與將被歸於四面體的和諧比例 1:4 和 1:9 之比，這是因為這些比例（即四面體的比例）等於前面那些和諧比例（即立方體的和諧比例）的平方。對於四面體而言，由於 1:9 不是和諧比例，所以它只能被 1:8 這一與它最接近的和諧比例所代替。根據這個比例，屬於十二面體的結合的比例將約為 4:5 和 3:4。因為立方體的兩球之比近似等於十二面體的兩球之比的立方，所以立方體的和諧比例 1:2 和 1:3 將近似等於和諧比例 4:5 和 3:4 的立方。4:5 的立方是 64:125，1:2 即為 64:128；3:4 的立方是 27:64，1:3 即為 27:81。

第三章　　研究天體和諧所必需的天文學原理之概要

　　在閱讀本文之初，讀者們即應懂得，儘管古老的托勒密天文學假說已經在普爾巴赫（Peuerbach）的《理論》（*Theoricae*）[25] 以及其他概要著作中得到了闡述，但卻與我們目前的研究毫不相同，我們應當從心目中將其驅除乾淨，因為它們既不能提出天體的真實排列，又無法為支配天體運動的規律提供合理的說明。

　　我只能單純地用哥白尼關於世界的看法代替托勒密的那些假說，如果可能，我還要讓所有人都相信這一看法，因為許多普通研究者對這一思想依然十分陌生，在他們看來，地球作為行星之一在群星中圍繞靜止不動的太陽運行，這種說法是相當荒謬的。那些為這種新學說

---

[24] 這裏沒有說明為什麼要把 1:3 歸於立方體而非四面體，其原因要到第九章的「8.命題」才能說明。——中譯者

[25] 普爾巴赫（1421～1461），奧地利天文學家。《關於行星的新理論》（*Theoricae novae planetarum*，簡稱《理論》）是其最有名的著作。——中譯者

的奇特見解所震驚的人應當知道，這些關於和諧的思索即便在第谷・布拉赫的假說中也佔有一席之地，因爲第谷贊同哥白尼關於天體排列以及支配天體運動的規律的每一觀點，只是單把哥白尼所堅持的地球的周年運動改成了整個行星天球系統和太陽的運動，而哥白尼和第谷都認爲，太陽位於系統的中心。雖然經過了這種運動的轉換，但在第谷體系和哥白尼體系中，地球在同一時刻所處的位置都是一樣的，即使它不是在廣袤無垠的恆星天球區域，至少也是在行星世界的系統中。正如一個人轉動圓規的畫腳可以在紙上畫出一個圓，他若保持圓規畫腳或畫針不動，而把紙或木板固定在運轉的輪子上，也能在轉動的木板上畫出同樣的圓。現在的情況也是如此，按照哥白尼的學說，地球由於自身的眞實運動而在火星的外圓與金星的內圓之間畫出自己的軌道；而按照第谷的學說，整個行星系統（包括火星和金星的軌道在內）就像輪子上的木板一樣在旋轉著，而固定不動的地球則好比刻紙用的鐵筆，在火星與金星圓軌道之間的空間中保持靜止。由於系統的這種運動，遂使靜止不動的地球在火星和金星之間繞太陽畫出的圓，與哥白尼學說中由於地球自身的眞實運動而在靜止的系統中畫出的圓相同。再則，因爲和諧理論認爲，從太陽上看去行星是在做偏心運動，我們遂不難理解，儘管地球是靜止不動的（姑且按照第谷的觀點認爲如此），但如果觀測者位於太陽上，那麼無論太陽的運動有多大，他都會看到地球在火星與金星之間畫出自己的周年軌道，運行週期也介於這兩顆行星的週期之間。因此，即使一個人對於地球在群星間的運動難思難解、疑信參半，他還是能夠滿心情願地思索這無比神聖的構造機理，他只須把自己所瞭解的關於地球在其偏心圓上所做的周日運動的知識，應用於在太陽上所觀察到的周日運動（就像第谷那樣把地球看作靜止不動所描述的那種運動）即可。

然而，薩摩斯哲學㉖的眞正追隨者們大可不必去羨慕這些人的此

㉖即薩摩斯的阿里斯塔克的日心說，一般認爲，阿里斯塔克第一次提出了日心說。——中譯者

等冥思苦想，因為倘使他們接受太陽不動和地球運動的學說，則必將從那完美無缺的沉思中獲得更多的樂趣。

首先，讀者應當知道，除月球是圍繞地球旋轉的以外，所有行星都圍繞太陽旋轉，這對於當今所有的天文學家來說都已成為一個毋庸置疑的事實；月球的天球或軌道太小，以致無法在圖中用與其他軌道相同的比例畫出。因此，地球應作為第六個成員加入其他五顆行星的行列，無論認為太陽是靜止的而地球在運動，還是認為地球是靜止的而整個行星系統在旋轉，地球本身都畫出環繞太陽的第六個圓。

其次，還應確立以下事實：所有行星都在偏心

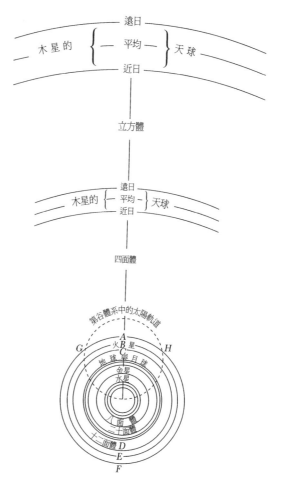

軌道上旋轉；也就是說，它們與太陽之間的距離是變化的，並且在一段軌道上離太陽較遠，而在相對的另一段軌道上離太陽較近。在附圖中，每顆行星都對應著三個圓周，但沒有一個圓周代表該行星的真實偏心軌道。以火星為例，中間一個圓的直徑 BE 等於偏心軌道的較長直徑，火星的真實軌道 AD，切三個圓周中最外面的一個圓周 AF 於

A 點，切最裏面的一個圓周 CD 於 D 點。用虛線畫出的經過太陽中心的軌道 GH，代表太陽在第谷體系中的軌道。如果太陽沿此路徑運動，則整個行星體系中的每一個點也都在各自的軌道上做同樣的運動。並且，如果其中的一點（即太陽這個中心）位於其軌道上的某處，比如圖中所示的最下端，則系統中的每一點也都將位於各自軌道的最下端。由於圖幅狹窄，金星的三個圓周只能姑且合為一個。

第三，請讀者回想一下，我在 22 年前出版的《宇宙的奧祕》一書中曾經講過，圍繞太陽旋轉的行星或圓軌道的數目是智慧的造物主根據五種正立體擇取的。歐幾里得（Euclid）在許多個世紀以前就寫了一本書論述這些正立體，因其由一系列命題所組成，故名為《幾何原本》（Elements）。[27] 但我在本書的第二卷中已經闡明，不可能存在更多的正立體；也就是說，正平面圖形不可能以五種以上的方式構成一個立體。

第四，至於行星軌道之間的比例關係，很容易想到，相鄰的兩條行星軌道之比近似地等於某種正立體的單一比例，即它的外接球與內切球之比。但正如我曾就天文學的最終完美所大膽保證的，它們並非精確地相等。在根據第谷·布拉赫的觀測最終證實了這些距離之後，我發現了如下事實：如果置立方體的各角於土星的內圓，則立方體各面的中心就幾乎觸及木星的中圓；如果置四面體的各角於木星的內圓，則四面體各面的中心就幾乎觸及火星的外圓；同樣，如果八面體的角張於金星的任一圓上（因為三個圓都擠在一個非常狹小的空間裏），則八面體各面的中心就會穿過並且落在水星外圓的內部，但還沒有觸及水星中圓；最後，與十二面體及二十面體的外接圓與內切圓之比——這些比值彼此相等——最接近的，是火星與地球的各圓周以及地球與金星的各圓周之間的比值或間距。而且，倘若我們從火星的內圓算到地球的中圓，從地球的中圓算到金星的中圓，則這兩個間距也

[27]「elements」的意思是「原理、初步」。——中譯者

幾乎是相等的，因為地球的平均距離是火星的最小距離與金星的平均距離的比例中項。然而，行星各圓周間的這兩個比值還是大於多面體的這兩對圓周間的比值，所以正十二面體各面的中心不能觸及地球的外圓，正二十面體各面的中心不能觸及金星的外圓。而且這一裂隙還不能被地球的最大距離與月球軌道半徑之和，以及地球的最小距離與月球軌道半徑之差所填滿。不過，我發現還存在著另一種與多面體有關的關係：如果把一個由 12 個五邊形所組成，從而十分接近於那五種正立體的擴展了的正十二面體（我稱之為「海膽」）的 12 個頂點置於火星的內圓上，則五邊形的各邊（它們分別是不同的半徑或點的基線）將與金星的中圓相切。簡而言之，立方體和與之共軛的八面體完全沒有進入它們的行星天球，十二面體和與之共軛的二十面體略微進入它們的行星天球，而四面體則剛好觸及兩個行星天球：行星的距離在第一種情況下存在虧值，在第二種情況下存在盈值，在第三種情況下則恰好相等。

　　由此可見，僅由正多面體並不能推導出行星與太陽的距離之間的實際比例。這正如柏拉圖所說，幾何學的真實發源地，即造物主「實踐永恆的幾何學」，從不偏離他自身的原型。[28] 的確，這一點也可由如下事實得出：所有行星都在固定的週期內改變著各自的距離，每顆行星都有兩個與太陽之間的特徵距離，即最大距離與最小距離。因此，對於每兩顆行星到太陽的距離可以進行四重比較，即最大距離之比、最小距離之比、彼此相距最遠時的距離之比、彼此相距最近時的距離之比。這樣，對於所有兩兩相鄰的行星的組合，共得到 20 組比較，而另一方面，正多面體卻總共只有五種。有理由相信，如果造物主注意到了所有軌道的一般關係，那麼他也將注意到個別軌道的距離變化，並且兩種情況下所給予的關注是同樣的，而且是彼此相關的。只要我們認真考慮這一事實，就必定能夠得出以下結論：要想同時確定軌道

[28] 其實在柏拉圖的著作中並不能找到這段話。——中譯者

的直徑與離心率，除了五種正立體以外，還需要有另外一些原理作補充。

第五，爲了得出能夠確立起和諧性的各種運動，我再次提請讀者銘記我在《火星評注》（*Commentaries on Mars*）中根據第谷·布拉赫極爲可靠的觀測記錄已經闡明的如下事實：行星經過同一偏心圓上的等周日弧的速度是不相等的；**隨著與太陽這個運動之源的距離的不同，它經過偏心圓上相等弧的時間也不同；反之，如果每次都假定相等的時間，比如一自然日，則同一偏心圓軌道上與之相應的眞周日弧與各自到太陽的距離成反比。同時我也闡明了，行星的軌道是橢圓形的，太陽這個運動之源位於橢圓的其中一個焦點上；由此可得，當行星從遠日點開始走完整個圓軌道的四分之一的時候，它與太陽的距離恰好等於遠日點的最大值與近日點的最小值之間的平均距離。由這兩條原理可知，行星在其偏心圓上的周日平均運動與當它位於從遠日點算起的四分之一圓周的終點時的瞬時眞周日弧相同，儘管該實際四分之一圓周似乎較嚴格四分之一圓周爲小。進一步可以得到，偏心圓上的任何兩段眞周日弧，如果其中一段到遠日點的距離等於另一段到近日點的距離，則它們的和就等於兩段平周日弧之和；因此，由於圓周之比等於直徑之比，所以平周日弧與整個圓周上所有平周日弧（其長度彼此相等）總和之比，就等於平周日弧與整個圓周上所有眞偏心弧的總和之比。平周日弧與眞偏心弧的總數相等，但長度彼此不同。**當我們預先瞭解了這些有關眞周日偏心弧和眞運動的內容之後，就不難理解從太陽上觀察到的視運動了。

第六，然而，關於從太陽上看到的視弧，從古代天文學就可以知道，即使幾個眞運動完全相等，當我們從宇宙中心觀測時，距中心較遠（例如在遠日點）的弧也將顯得小些，距中心較近（例如在近日點）的弧將顯得大些。此外，正如我在《火星評注》中已經闡明的，由於較近的眞周日弧因速度較快而大一些，在較遠的遠日點處的眞周日弧因速度較慢而小一些，由此可以得到，**偏心圓上的視周日弧恰好與其到太陽距離的平方成反比。**舉例來說，如果某顆行星在遠日點時距離

太陽爲 10 個單位（無論何種單位），而當它到達近日點從而與太陽相沖時，距離太陽爲 9 個單位，那麼從太陽上看去，它在遠日點的視行程與它在近日點的視行程之比必定爲 81:100。

但上述論證要想成立，必須滿足如下條件：首先，偏心弧不大，從而其距離變化也不大，也就是說，從拱點到弧段終點的距離改變甚微；其次，離心率不太大，因爲根據歐幾里得《光學》（*Optics*）的定理 8，離心率越大（即弧越大），其視運動角度的增加較之其本身朝著太陽的移動也越大。不過，正如我在我的《光學》第 11 章中所指出的，如果弧很小，那麼即使移動很大的距離，也不會引起角度明顯的變化。然而，我之所以提出這些條件，還有另外的原因。從日心觀測時，偏心圓上位於平近點角附近的弧是傾斜的，這一傾斜減少了該弧視象的大小，而另一方面，位於拱點附近的弧卻正對著視線方向。因此當離心率很大時，似乎只有對於平均距離，運動才顯得同本來一樣大小，倘若我們不經減小就把平均周日運動用到平均距離上，那麼各運動之間的關係顯然就會遭到破壞，這一點將在後面水星的情形中表現出來。所有這些內容，在《哥白尼天文學概要》第五卷中都有相當多的論述，但仍有必要在此加以說明，因爲這些論題所觸及的正是天體和諧原理本身。

第七，倘若有人思考地球而非太陽上的觀察者所看到的周日運動（《哥白尼天文學概要》的第六卷討論了這些內容），他就應當知道，這一問題尚未在目前的探討中涉及。顯然，這既是毋須考慮的，因爲地球不是行星運動的來源；同時也是無法考慮的，因爲這些相對於虛假視象的運動，不僅會表現爲靜止或停留，而且還會表現爲逆行。於是，如此種種不可勝數的關係就同時被平等地歸於所有的行星。因此，爲了能夠弄清楚建立於各個眞偏心軌道周日運動基礎上的內在關係究竟如何（儘管在太陽這個運動之源上的觀測者看來，它們本身仍然是視運動），我們首先必須從這種內在運動中分離出全部五顆行星所共有的外加的周年運動，而不管此種運動究竟是像哥白尼所宣稱的那樣，起因於地球本身的運動，還是如第谷所宣稱的那樣，起因於整個

系統的周年運動。同時，必須使每顆行星的固有運動完全脫離外表的假象。㉙

　　第八，至此，我們已經討論了同一顆行星在不同時間所走過的不同的弧。現在，我們必須進一步討論如何對兩顆行星的運動進行比較。這裏先來定義一些今後要用到的術語。我們把上行星的近日點和下行星的遠日點稱爲兩行星的**最近拱點**，而不管它們是朝著同一天區，還是朝著不同的乃至相對的天區運行。我們把行星在整個運行過程中最快和最慢的運動稱爲**極運動**，把位於兩行星最近拱點處（即上行星的近日點和下行星的遠日點）的運動稱爲**收斂極運動或逼近極運動**，把位於相對拱點處（即上行星的遠日點和下行星的近日點）的運動稱爲**發散極運動或遠離極運動**。我在 22 年前由於有些地方尚不明瞭而置於一旁的《宇宙的奧祕》中的一部分，必須重新加以完成並在此引述。因爲借助於第谷·布拉赫的觀測，通過黑暗中的長期摸索，我弄清楚了天球之間的眞實距離，並最終發現了軌道週期之間的眞實比例關係。這眞是——

> 　雖已姍姍來遲，仍在徘徊觀望，
> 　歷盡茫茫歲月，終歸如願臨降。㉚

倘若問及確切的時間，應當說，這一思想發軔於今年，即西元 1618 年的 3 月 8 日，但當時的計算很不順意，遂當作錯誤置於一旁。最終，5 月 15 日來臨了，我又發起了一輪新的衝擊。思想的暴風驟雨一舉掃除了我心中的陰霾，我在第谷的觀測上所付出的 17 年心血與我現今的冥思苦想之間獲得了圓滿的一致。起先我還當自己是在做夢，以爲基

㉙ 這裏克卜勒是在強調，天體的和諧只能在行星的眞運動，即從太陽上觀測到的運動中發現。——中譯者

㉚ 選自維吉爾《牧歌》（*Eclogue*），其一，27 和 29。——中譯者

本前提中就已經假設了結論，然而，這條原理是千真萬確的，即**任何兩顆行星的週期之比恰好等於其自身軌道平均距離的 $\frac{3}{2}$ 次方之比**，儘管橢圓軌道兩直徑的算術平均值較其長徑稍小。舉例來說，地球的週期為 1 年，土星的週期為 30 年，如果取這兩個週期之比的立方根，再把它平方，得到的數值剛好就是土星和地球到太陽的平均距離之比。㉛因為 1 的立方根是 1，再平方仍然是 1；而 30 的立方根大於 3，再平方則大於 9，因此土星與太陽的平均距離略大於日地平均距離的 9 倍。在第九章中我們將會看到，這個定理對於導出離心率是必不可少的。

第九，如果你現在想用同一把碼尺測量每顆行星在充滿以太的天空中所實際走過的周日行程，你就必須對兩個比值進行複合，其一是偏心圓上的真周日弧（不是視周日弧）之比，其二是每顆行星到太陽的平均距離（因為這也就是軌道的大小）之比。換言之，**必須把每顆行星的真周日弧乘以其軌道半徑**。只有這樣得到的乘積，才能用來探究那些行程之間是否可以構成和諧比例。

第十，為了能夠真正知道，當從太陽上看時這種周日行程的視長度有多大（儘管這個值可以從天文觀測直接獲得），你只要把行星所處的偏心圓上任意位置的真距離（而不是平均距離）的反比乘以行程之比，即**把上行星的行程乘以下行星到太陽的距離，而把下行星的行程乘以上行星到太陽的距離**，就可以得出所需的結果。

第十一，同樣，如果已知一行星在遠日點的視運動、另一行星在近日點的視運動，或者已知相反的情況，那麼就可以得出一行星的遠日距與另一行星的近日距之比。然而在這裏，平均運動必須是預先知道的，即兩個週期的反比已知，由此即可推出前面第八條中所說的那個軌道比值：**如果取任一視運動與其平均運動的比例中項，則該比例中項與其軌道半徑（這是已經知道的）之比就恰好等於平均運動與所**

㉛ 因為我已經在《火星評注》第 48 章、第 232 頁上證明，該算術平均值或者等於與橢圓軌道等長的圓周的直徑，或者略小於這個數值。——原注

求的距離或間距之比。設兩行星的週期分別是 27 和 8，則它們之間的平均周日運動之比就是 8:27。因此，其軌道半徑之比將是 9:4，這是因為 27 的立方根是 3，8 的立方根是 2，而 3 與 2 這兩個立方根的平方分別是 9 與 4。現在設其中一行星在遠日點的視運動為 2，另一行星在近日點的視運動為 $33\frac{1}{3}$。平均運動 8 和 27 與這些視運動的比例中項分別等於 4 和 30。因此，如果比例中項 4 得出該行星的平均距離 9，那麼平均運動 8 就得出對應於視運動 2 的遠日距 18；並且如果另一個比例中項 30 得出另一行星的平均距離 4，那麼該行星的平均運動 27 就得出了它的近日距 $3\frac{3}{5}$。由此，我得到前一行星的遠日距與後一行星的近日距之比為 $18:3\frac{3}{5}$。因此顯然，如果兩行星極運動之間的和諧已經發現，兩者的週期也已經確定，那麼就必然能夠導出其極距離和平均距離，並進而求出離心率。

第十二，由同一顆行星的各種極運動也可以求出其**平均運動**。嚴格說來，平均運動既不等於極運動的算術平均值，也不等於其幾何平均值，然而它少於幾何平均值的量卻等於幾何平均值少於算術平均值的量。設兩種極運動分別為 8 和 10，則平均運動將小於 9，而且小於 80 的平方根的量等於 9 與 80 的平方根兩者之差的一半。再設遠日運動為 20，近日運動為 24，則平均運動將小於 22，而且小於 480 的平方根的量等於 22 與 480 的平方根之差的一半。這條定理在後面將會用到。

第十三，由上所述，我們可以證明如下命題，它對於我們今後的工作將是不可或缺的：由於兩行星的平均運動之比等於其軌道的 $\frac{3}{2}$ 次方之比，所以兩種視收斂極運動之比總小於與極運動相應的距離的 $\frac{3}{2}$ 次方之比；這兩個相應距離與平均距離或軌道半徑之比乘得的積小於兩軌道的平方根之比的數值，將等於兩收斂極運動之比大於相應距離之比的數值；而如果該複合比超過了兩軌道的平方根之比，則收

斂運動之比就將小於其距離之比。[32]

設軌道之比為 $DH:AE$，平均運動之比為 $HI:EM$，它等於前者倒數的 $\frac{3}{2}$ 次方。設第一顆行星的最小軌道距離為 CG，第二顆行星的最大軌道距離為 BF，$DH:CG$ 與 $BF:AE$ 的積小於 $DH:AE$ 的平方根。再設 GK 為上行星在近日點的視運動，FL 為下行星在遠日點的視運動，從而它們都是收斂極運動。

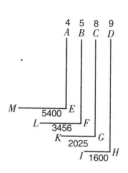

我要說明的是，

$$GK:FL > BF:CG$$
$$GK:FL < CG^{\frac{3}{2}}:BF^{\frac{3}{2}}$$

因為

$$HI:GK = CG^2:DH^2$$
$$FL:EM = AE^2:BF^2$$

所以

$$HI:GK \text{ comp.}^{[33]} \ FL:EM = CG^2:DH^2 \text{ comp. } AE^2:BF^2$$

但根據假定，

$$CG:DH \text{ comp. } AE:BF < AE^{\frac{1}{2}}:DH^{\frac{1}{2}}$$

兩者相差一個固定的虧缺比例，於是把這個不等式的兩邊平方，便得到

$$HI:GK \text{ comp. } FL:EM < AE:DH,$$

其虧缺比例[34] 等於前一虧缺比例的平方。但根據前面的第八條命題，

---

[32] 克卜勒計算比值時總是把比例各項從大到小排列，而不是像我們今天這樣先排比例前項，後排比例後項。例如克卜勒說，2:3 與 3:2 是一樣的，3:4 大於 7:8 等等。——英譯者

[33] 這裏 comp. 就是指上段提到的複合比，即兩個比值的乘積，為了忠實於原英譯本，這裏不用現代的乘號標出。——中譯者

[34]「虧缺比例」即較小的前項與較大的後項之比，「盈餘比例」即較大的前項與較小的後項之比。——中譯者

$$HI{:}EM = AE^{\frac{3}{2}}{:}DH^{\frac{3}{2}}\text{，}$$

把小了虧缺比例平方的比例除以 $\frac{3}{2}$ 次方之比，也就是說，

$$HI{:}EM \text{ comp. } GK{:}HI \text{ comp. } EM{:}FL > AE^{\frac{1}{2}}{:}DH^{\frac{1}{2}}$$

兩者相差盈餘比例的平方。而

$$HI{:}EM \text{ comp. } GK{:}HI \text{ comp. } EM{:}FL = GK{:}FL$$

因此

$$GK{:}FL > AE^{\frac{1}{2}}{:}DH^{\frac{1}{2}}$$

兩者相差盈餘比例的平方。但是

$$AE{:}DH = AE{:}BF \text{ comp. } BF{:}CG \text{ comp. } CG{:}DH$$

且

$$CG{:}DH \text{ comp. } AE{:}BF < AE^{\frac{1}{2}}{:}DH^{\frac{1}{2}}$$

兩者相差簡單虧缺比例，因此

$$BF{:}CG > AE^{\frac{1}{2}}{:}DH^{\frac{1}{2}}$$

兩者相差簡單盈餘比例。但是，

$$GK{:}FL > AE^{\frac{1}{2}}{:}DH^{\frac{1}{2}}$$

兩者相差簡單盈餘比例的平方，而簡單盈餘比例的平方大於簡單盈餘比例，所以運動 GK 與 FL 之比大於相應距離 BF 與 CG 之比。

依照同樣的方式，我們還可以相反地證明，如果行星在超過 H 和 E 處的平均距離的 G 和 F 處彼此接近，以至於平均距離之比 $DH{:}AE$ 變得比 $DH^{\frac{1}{2}}{:}AE^{\frac{1}{2}}$ 還要小，那麼運動之比 $GK{:}FL$ 就將**小於**相應距離之比 $BF{:}CG$。要證明這一點，你只須把**大於變爲小於**，$>$變爲$<$，**盈餘變爲虧缺**，一切顛倒過來。

對於前面所引數值，$\frac{4}{9}$ 的平方根是 $\frac{2}{3}$，$\frac{5}{8}$ 比 $\frac{2}{3}$ 大出盈餘比例 $\frac{15}{16}$，8:9 的平方是 1600:2025，即 64:81；4:5 的平方是 3456:5400，即 16:25；最後，4:9 的 $\frac{3}{2}$ 次方是 1600:5400，即 8:27，於是，2025:3456，即 75:128，要比 5:8，即 75:120，大出同樣的盈餘比例（即 120:128）15:16；因此，收斂運動之比 2025:3456 大於相應距離的反比 5:8 的量等於 5:8 大於軌道之比的平方根 2:3 的量。或者換句話說，兩收斂距離之比

等於軌道平方根之比與相應運動的反比的平均值。

我們還可以由此推出，發散運動之比遠遠大於軌道的 $\frac{3}{2}$ 次方之比，這是因為軌道的 $\frac{3}{2}$ 次方之比與遠日距離之比的平方複合為平均距離之比，與平均距離之比複合為近日距離之比。

第四章　造物主在哪些與行星運動有關的事物中表現了和諧比例，方式為何

如果把行星逆行和停留的幻象除去，使它們在其真實偏心軌道上的真實突顯出來，則行星還剩下這樣一些特徵項：(1)與太陽之間的距離；(2)週期；(3)周日偏心弧；(4)在那些弧上的周日耗時（delay）；㉟ (5)它們在太陽上所張的角，或者相對於太陽上的觀測者的視周日弧。在行星的整個運行過程中，除週期以外，所有這些項都是可變的，而且在平黃經處變化最大，在極點處變化最小，此時行星正要從其中的一極轉向另一極。因此，當行星位於很低的位置或與太陽相當接近時，它在其偏心軌道上走過一度的耗時很少，而在一天之中走過的偏心弧卻很長，從太陽上看運動很快。此後，行星的運動將這樣持續一段時間，而不發生明顯的改變，直到通過了近日點，行星與太陽的直線距離才漸漸開始增加。同時，行星在其偏心軌道上走過一度的耗時也越來越長，或若考慮周日運動，從太陽上看去，行星每天的行進將越來越少，走得也越來越慢，直至到達高拱點，距離太陽最遠為止。此時，行星在偏心軌道上走過一度的時耗最長，而在一天之中走過的弧最短，視運動也是整個運行過程中最小的。

最後，所有這些特徵項既可以屬於處於不同時間的同一顆行星，又可以屬於不同的行星。所以倘若假定時間為無限長，某一行星軌道

㉟ 這裏顯然有誤。周日耗時當然就是一日。根據克卜勒後來的討論，他這裏本來要說的似乎是「在等弧上的耗時」。後面的「耗時」均指經過相等弧段所需的時間。——中譯者

的所有狀態都可以在某一時刻與另一行星軌道的所有狀態相一致，並且可以相互比較，則它們的整個偏心軌道之比將等於其半徑或平均距離之比。但是兩條偏心軌道上被指定爲相等或具有同一（度）數的弧卻代表不同的眞距離，比如土星軌道上1度的長度大約等於木星軌道上1度的長度的兩倍。而另一方面，用天文學數值所表示的偏心軌道上的周日弧之比，也並不等於行星在一天之中穿過以太的眞距離之比，因爲同樣的單位度數在上行星較寬的圓上表示較大的路徑，在下行星較窄的圓上表示較小的路徑。

我們首先考慮前面所列特徵項中的第二項，即行星的週期，它等於行星通過整個軌道所有弧段的全部耗時(長的、中等的和短的)之總和。根據從古至今的觀測結果，諸行星繞日一周所需時間如下表所示：

	日	日—分㊱	由此得到的平均周日運動		
			分	秒	毫秒
土　星	10759	12	2	0	27
木　星	4332	37	4	59	8
火　星	686	59	31	26	31
地球和月球	365	15	59	8	11
金　星	224	42	96	7	39
水　星	87	58	245	32	25

因此，這些週期之間並不存在和諧比例。只要把較大的週期連續減半，把較小的週期連續加倍，忽略八度音程，得到一個八度內的音程，就很容易看出這一點。㊲

㊱古人把一天的時間分成60個單位，每一個單位的時間長度爲1日分。後面的時間單位「分」均指「日分」。——中譯者

㊲週期每除以2，音程就提高一個八度；每乘以2，就降低一個八度。例如，土星週期的十六分之一爲672.27天，音程提高了四個八度。這個值比上火星的週期大約爲117：120。這個音程在一個八度以內，但顯然不是諧和音程。——中譯者

	土星	木星	火星	地球	金星	水星	
減半	10759日12分 5379日36分 2689日48分 1344日54分 672日27分	4332日37分 2116日19分 1083日10分 541日35分	686日59分	365日15分	224日42分 449日24分	87日58分 175日56分 351日52分	加倍

　　你可以發現，所有最後的數都無法構成和諧比例，或者說構成的比例是無理的。因為如果取 120（對弦的分割數）為對火星的日數 687 的度量，則按照這種單位計算，土星的十六分之一週期為 117，木星的八分之一週期小於 95，地球的週期小於 64，金星的兩倍週期大於 78，水星的四倍週期大於 61。這些數值都不能與 120 構成和諧比例，但與它們臨近的數 60、75、80 和 96 卻可以；類似的，如果把 120 取為土星的度量，則木星的值約為 97，地球大於 65，金星大於 80，水星小於 63；當木星取為 120 時，地球小於 81，金星小於 100，水星小於 78；當金星取為 120 時，地球小於 98，水星大於 94；最後，當地球取為 120 時，水星小於 116。但如果這種對比例的自由選擇是有效的話，它們本應當是絕對完美的和諧比例，而不存在任何盈餘或虧缺。於是我們發現，造物主並不希望耗時之和即週期之間構成和諧比例。

　　儘管行星的體積之比等於週期之比這個猜想很有可能成立（它基於幾何學證明以及《火星評注》中關於行星運動成因的學說），從而土星大約是地球的 30 倍，木星是地球的 12 倍，火星小於地球的 2 倍，地球是金星的 1 倍半，是水星球的 4 倍，但即使這樣，這些關於體積的比例也不是和諧的。

　　然而，除非已經受到其他某種必然性定律的支配，否則上帝所創立的任何事物都不可能不具有幾何學上的美，所以我們立即可以推出，憑藉某種預先存在於原型中的東西，週期已經得到了最合適的長度，運動物體也已經得到了最合適的體積。需要說明的是，這些看似不成比例的體積和週期何以會被設計成這般尺寸。我已經說過，週期

是由最長的、中等的和最短的耗時全部加在一起得到的，因此，幾何學上的和諧必定可以從這些耗時上，或者從造物主心靈中的更為基本的事理中發現。而耗時之比與周日弧之比有著密切的關係，因為周日弧與耗時成反比。我們還說過，任一行星的耗時與距離之比相等。於是對於同一顆行星來說，（周日）弧、等弧上的耗時、周日弧與太陽之間的距離這三者是一回事。既然對於行星來說，所有這些項都是可變的，那麼如果至高的造物主已經通過可靠的設計給行星賦予了某種幾何學上的美的話，這種美就一定會在其兩極處憑藉遠日距和近日距實現，而不會憑藉兩者之間的平均距離實現。極距離之比已定，就不必再把居間的比例也設計成確定的值了，因為根據行星從其中一極通過所有中間點向另一極運動的必然性，它們會自動獲取相應的值。

根據第谷·布拉赫極為精確的觀測結果以及《火星評注》中所提出的方法，通過 17 年的苦心研究，我們得到了如下極距離：

距離與諧和音程的比較[38]

兩行星間的比例 發散的　收斂的		距　　離	單顆行星的（固有）比例
$\dfrac{a}{d}=\dfrac{2}{1}$,	$\dfrac{b}{c}=\dfrac{5}{3}$	土星的遠日點 10052 a. 近日點 8968 b.	大於一個小全音$\dfrac{10000}{9000}$ 小於一個大全音$\dfrac{10000}{8935}$
$\dfrac{c}{f}=\dfrac{4}{1}$,	$\dfrac{d}{e}=\dfrac{3}{1}$	木星的遠日點 5451 c. 近日點 4949 d.	非和諧比例，但約為不和諧的 11:10，或 6:5 的平方根
$\dfrac{e}{h}=\dfrac{5}{3}$,	$\dfrac{f}{g}=\dfrac{27}{20}$	火星的遠日點 1665 e. 近日點 1382 f.	1662:1385 是和諧比例 6:5，1665:1332 是和諧比例 5:4
$\dfrac{g}{k}=\dfrac{2}{1\frac{1}{2}}$ 即$\dfrac{10000}{7071}$,	$\dfrac{h}{i}=\dfrac{27}{20}$	地球的遠日點 1018 g. 近日點 982 h.	1025:984 是第西斯 25:24 因此它還不到一個第西斯
$\dfrac{i}{m}=\dfrac{12}{5}$,	$\dfrac{k}{i}=\dfrac{243}{160}$	金星的遠日點 729 i. 近日點 719 k.	小於一個半音差 大於第西斯的三分之一

兩行星間的比例 發散的　　收斂的	距　　離	單顆行星的（固有）比例
	水星的遠日點 470 l. 近日點 307 m.	243:160，大於純五度 但小於和諧比例 8:5

㊳ 總注：在克卜勒的這部著作中，我把 concinna 和 inconcinna 分別譯爲「和諧的」和
「不和諧的」。concinna 通常被用來指位於音階的「自然系統」或純律之內的所有比
例，而 inconcinna 則被用來指這個調音系統之外的所有那些比例。「諧和的」（con-
sonans）和「不諧和的」（dissonans）是指此音樂系統之內的音程（即諧和音）的性質。
「和聲」（harmonia）有時是在「和諧」（concordance）的意義上使用，有時則在「諧
和音程」（consonance）的意義上使用。

genus durum 和 genus molle 或譯爲「大調」和「小調」，或譯爲「大音階」和「小音
階」，或譯爲「大（音程）」和「小（音程）」。modus 用來指教會調式的用法僅在第六
章中出現。

由於我們目前所使用的音樂術語對於 16 和 17 世紀並非嚴格適用，所以這裏有必要對
術語做一些解釋。這裏的材料選自克卜勒《世界的和諧》，第三卷。

小音階中的一個八度系統（Systema octavae in cantu molli）

弦長比　　　g　f　e　d　c　b　A　G
　　　　　 72 : 81 : 90 : 96 : 108 : 120 : 128 : 144

在大音階中（In cantu duro）

弦長比　　 g　f　e　d　c　B　A　G
　　　　　360 : 405 : 432 : 480 : 540 : 576 : 640 : 720

由於在所有音樂中，這些音階可以在一個或多個八度以上進行重複，所以上面這些比例
都可以減半，即

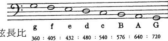

弦長比　　　g'　f'　e'　d'　c'　b　a　g　f
　　　　　180 : 2021/2 : 216 : 240 : 270 : 288 : 320 : 360 : 405 etc.

克卜勒所考慮的各種音程爲：

80:81　　（季季莫斯）音差 [comma (of Didymus)]，大小全音之差（$\frac{8}{9} \div \frac{9}{10}$）

24:25　　第西斯（diesis）[e－降 e、B－降 b 或一個半音與一個小全音之差（$\frac{15}{16} \div \frac{9}{10}$）]

128:135　小半音（lemma）[一個半音與一個大全音之差（$\frac{15}{16} \div \frac{8}{9}$）]

243:256　柏拉圖小半音（Plato's lemma）（在這個系統中沒有出現，但在畢達哥拉斯調音系統中出現了）

15:16　半音（semitone）小調：降 e－d，降 b－A；大調：e－d，B－A

9:10　小全音（minor whole tone）小調：f－降 e，c－降 b；大調：e－b，B－A

8:9　大全音（major whole tone）小調：g－f，d－c，A－G；大調：g－f，d－c，A－G

27:32　亞小三度（sub-minor tone）大小調：f－d，c－A

5:6　小三度（minor third）小調：e－降 c，降 b－G；大調：g－e，d－B

4:5　大三度（major third）小調：g－e－降，d－b－降；大調：e－c，B－G

64:81　二全音（ditone）（畢達哥拉斯三度）（大小調：a－f）

243:320　小不完全四度（lesser imperfect fourth）「大不完全五度」的轉位）見下

3:4　純四度（perfect fourth）小調：g－d，f－c，降 e－降 b，d－A，c－G；大調：g－d，f－c，e－B，d－A，c－G

20:27　大不完全四度（greater imperfect fourth）小調：降 b′－f；大調：a－e

32:45　增四度（augmented fourth）小調：a－降 e；大調：b－f

45:64　減五度（diminished fifth）小調：e－降 A；大調：f－B

27:40　小不完全五度（lesser imperfect fifth）小調：f－降 b；大調：e－A

2:3　純五度（perfect fifth）小調：g－c，d－G；大調：g－c，d－G

160:243　大不完全五度（greater imperfect fifth）（由二全音和小三度複合而成 $\frac{64}{81} \times \frac{5}{6}$）

81:128　不完全小六度（imperfect minor sixth（大小調：f－A）

5:8　小六度（minor sixth）小調：降 e－G；大調：g－B，c′－e

3:5　大六度（major sixth）小調：g－降 B，c′－降 e；大調：e－G，b－d

64:27　大大六度（greater major sixth）小調：d′－f，a－c；大調：d′－f，a－c

1:2　八度（octave）（g－G，a－A，b－B，降 b－降 B）

所有這些音程都是單音程。當把一個或幾個八度加在單音程上時，合成的音程就是一個「複」音程。

1:3 等於 $\frac{1}{2} \times \frac{2}{3}$——一個八度和一個純五度

3:32 等於 $(\frac{1}{2})^3 \times \frac{3}{4}$——三個八度和一個純四度

1:20 等於 $(\frac{1}{2})^4 \times \frac{16}{20}$——四個八度和一個大三度

諧和音程：大小三度和六度、純四度、純五度、純八度

「摻雜」諧和音程：下小三度、二全音、小不完全四度和五度、大不完全四度和五度、不完全小六度、大大六度。

　　因此，除了火星與水星，其他行星的極距離之比都不接近諧和音程。

　　然而倘若你把不同行星的極距離進行相互比較，某種和諧的跡象就會顯示出來。因爲土星與木星的發散極距離之間略大於一個八度，收斂極距離之間是大六度和小六度的平均；木星與火星的發散極距離之間構成約兩個八度，收斂極距離之間約爲八度加五度；地球與火星的發散極距離之間略大於大六度，收斂極距離之間構成增四度；地球與金星的收斂極距離之間也構成增四度，但發散極距離之間卻不能構成任何和諧比例，這是因爲它小於半個八度，也就是說，小於 2:1 的平方根；最後，金星與水星的發散極距離之間略小於八度加小三度，發散極距離之間略大於增五度。

　　因此，儘管有一個距離與和諧比例偏離較遠，但業已取得的成功卻激勵我們繼續探索下去。我的推理如下：首先，由於這些距離都是沒有運動的長度，所以它們不適合用來考察和諧比例，因爲和諧與運動的快慢聯繫更爲緊密；其次，由於這些距離都是天球半徑，所以很

不諧和音程：所有其他音程。

在整部著作中，克卜勒沿襲他那個時代的理論家的用法而使用弦長比，而不是像我們今天通常所做的那樣使用振動比。當然，弦長比是振動比的倒數，也就是說，弦長比 4:5 用振動比來表示就是 5:4。這解釋了爲什麼音階是降冪，而數值卻是增序。很有意思的是，克卜勒的大小音階彼此互爲逆行，因此當用振動比來表示時，它們的順序與用弦長比來表示時正好相反：

依照振動比得出的譜子

72 : 81 : 90 : 96 : 108 : 120 : 128 : 144　　360 : 405 : 432 : 480 : 540 : 576 : 640 : 720

按照弦長比得出的譜子

這裏選了任意音高 G 來定出這些比值。這個 g 或「gamma」通常是 16 世紀整個音階的最低音。—Elliott Carter, Jr.

[Elliott Carter, Jr., 1908—，美國作曲家，拓展了十二音作曲方法——中譯者]

容易想見，五種正多面體的比例更可能適用於它們，這是因爲幾何立體與天球（或被天際物質四處包圍，如古人所說的那樣，或被累計起來的連續多次旋轉所包圍）之比，等於內接於圓的平面圖形（正是這些圖形產生了和諧）與天上的運動圓周之比以及與運動發生的其他區域之比。因此，如果我們要尋找和諧，就不應當在這些天球半徑中尋找，而要到運動的度量即實際運動中去尋找。當然，天球的半徑只能取成平均距離，而我們這裏所討論的卻是極距離。因此，我們所討論的不是關於天球的距離，而是關於運動的距離。

　　儘管我已經由此轉到了對極運動進行比較，但極運動之比仍與前面所討論的極距離之比相同，只不過比例的順序要顛倒一下。因此，前面發現的某些不和諧比例在極運動之間也可以找到。但我認爲，得到這樣的結果是理所當然的，因爲我是在把偏心弧進行比較，它們不是通過同樣大小的量度進行表達和計算的，而是通過大小因行星而異的度和分來計算的。而且從我們這裏觀察，它們的視尺寸絕不會與其數值所指示的一樣大，除非是在每顆行星的偏心軌道的中心，而這一中心並沒有落在任何東西上；認爲在那個位置存在著某種能夠把握這種視尺寸的感官或天性，這是令人難以置信的；或者說，如果我想把不同行星的偏心弧與它們在各自中心（因行星而異）所顯現出來的視尺寸進行比較，這是不可能的。然而，如果要對不同的視尺寸進行互相比較，那麼它們就應該在宇宙中的同一個位置顯現，並使其比較者處在它們共同顯現的位置。因此我認爲，這些偏心弧的視尺寸或者應從心中排除，或者應以不同的方式來表示。如果我把視尺寸從心中排除，而把注意力轉到行星的實際周日行程上去，我就發現不得不運用我在前一章第九條中所提出的規則。㊴於是，把偏心周日弧乘以軌道的平均距離，我們便得到了如下行程：

㊴ 這條規則是要找到一種對所有行星均適用的對眞周日行程的公共量度，即眞周日弧乘以行星與太陽之間的距離所得到的積。——中譯者

	周日運動	平均距離	周日行程
土星在遠日點	1′53″	9510	1065
在近日點	2′7″		1208
木星在遠日點	4′44″	5200	1477
在近日點	5′15″		1638
火星在遠日點	28′44″	1524	2627
在近日點	34′34″		3161
地球在遠日點	58′60″	1000	3486
在近日點	60′13″		3613
金星在遠日點	95′29″	724	4149
在近日點	96′50″		4207
水星在遠日點	210′0″	388	4680
在近日點	307′3″		7148

由此我們可以看到，土星的行程僅爲水星行程的七分之一。亞里斯多德會認爲這個結論是符合理性的，因爲他在其《論天》（*On the Heavens* 或 *De Caelo*）一書的第二卷中曾說，[40] 距太陽較近的行星總是要比距太陽較遠的行星走更大的距離，而這在古代天文學中是不能成立的。

的確，如果我們認眞思索一下就不難理解，最智慧的造物主不大可能會爲行星的行程特別建立和諧，因爲如果行程的比例是和諧的，那麼行星的所有其他方面就會與行星的旅程發生聯繫並受到限制，從而就沒有其他可供建立和諧的餘地了。但是誰將從行程之間的和諧獲益呢？或者說誰將覺察到這些和諧呢？在大自然中，只有兩種東西可以向我們顯示出和諧，即光或聲：光通過眼睛或與眼睛類似的隱密感官接受，聲則通過耳朵接受。心靈把握住這些流溢出來的東西，或者通過本能（關於這一點，我在第四卷中已經講得很多了），或者通過天文學的或和諧的推理來把和諧與不和諧區分開。事實上，天空中靜寂無聲，星辰的運動也不至於同以太產生摩擦而發出噪音。光也是如此。

---

[40] Aristotle, *De Caelo*, 291 a 29—291 b 10。——中譯者

如果光要傳達給我們某些關於行星行程的資訊，它就會或者傳達給眼睛，或者傳達給某種與眼睛類似並處於某一特定位置的感官；為了使光能夠把資訊瞬間傳達給我們，這種感官似乎必定就呈現在那裏。如此一來，為了使所有行星的運動都能同時呈現給感官，整個世界都將有感官存在。通過觀察，通過在幾何與算術中長時間地四處遊蕩，再通過軌道的比例以及其他必須首先瞭解的東西，最後得到實際的行程，這種路徑對於任何天性來說似乎都太長了，為了改變這種狀況，引入和諧似乎是合理的。

因此，綜合以上所有這些看法，我可以恰當地得出結論說，行星穿過以太的真實行程應當不予考慮，我們應當把目光轉向視周日弧，它們在宇宙中的一個確定的顯著位置——太陽這個所有行星的運動之源——可以很清楚地顯示出來。我們必須看到，不是某一行星距離太陽有多遠，也不是它在一天之中走過多少路程（因為這屬於推理和天文學，而不屬於天性），而是每顆行星的周日運動對太陽所張角度的大小，或者說它在一個圍繞太陽的軌道（比如說橢圓）上看起來走過了多大的弧，才能使這些經由光傳到太陽的現象，能夠與光一起直接流向分有這種天性的生命體，正如我們在第四卷中所說，天上的圖式經由光線流入胎兒。[41]

因此，如果把導致行星出現停留和逆行現象的軌道周年視差從行星的自行中消去，那麼第谷的天文學告訴我們，行星在其軌道上的周日運動（在太陽上的觀察者看來）如下表所示：

兩行星間的和諧比例 發散的　　收斂的		視周日運動		單顆行星的固有和諧比例
		土星在遠日點	1′46″ a.	1′48″:2′15″=4:5,
		在近日點	2′15″ b.	大三度

[41] 這裏克卜勒似乎是主張，生命體接受天體的和諧是天性使然。在理解天體和諧的各種可能性中，從太陽上看到的視運動是最適合本能體認的。——中譯者

兩行星間的和諧比例 發散的　　　收斂的		視周日運動	單顆行星的固有和諧比例
$\dfrac{a}{d}=\dfrac{1}{3}$,	$\dfrac{b}{c}=\dfrac{1}{2}$	木星在遠日點　　4′30″ c. 　　　在近日點　　5′30″ d.	4′35″:5′30″=5:6, 小三度
$\dfrac{c}{f}=\dfrac{1}{8}$,	$\dfrac{d}{e}=\dfrac{5}{24}$	火星在遠日點　　26′14″ e. 　　　在近日點　　38′1″ f.	25′21″:38′1″=2:3, 五度
$\dfrac{e}{h}=\dfrac{5}{12}$,	$\dfrac{f}{g}=\dfrac{2}{3}$	地球在遠日點　　57′3″ g. 　　　在近日點　　61′18″ h.	57′28″:61′18″=15:16, 半音
$\dfrac{g}{k}=\dfrac{3}{5}$,	$\dfrac{h}{i}=\dfrac{5}{8}$	金星在遠日點　　94′50″ i. 　　　在近日點　　97′37″ k.	94′50″:98′47″=24:25, 第西斯
$\dfrac{i}{m}=\dfrac{1}{4}$,	$\dfrac{k}{l}=\dfrac{3}{5}$	水星在遠日點　164′0″ l. 　　　在近日點　384′0″ m.	164′0″:394′0″=5:12, 八度加小三度

　　需要注意的是，水星的大離心率使得其運動之比顯著偏離了距離平方之比。[42]如果令平均距離 100 與遠日距 121 之比的平方等於遠日運動與平均運動 245′32″ 之比，我們便可以得到遠日運動爲 167；如果令 100 與近日距 79 之比的平方等於近日運動與同一平均運動之比，就得到近日運動爲 393。兩個結果都比我預想的要大，這是因爲平近點角處的平均運動因斜著觀測而不會顯出 245′32″ 那麼大，而是會比它小 5′。因此，我們發現遠日運動和近日運動也較小。不過根據我在前一章第七條中講到的歐幾里得《光學》的定理 8，遠日運動（看起來）偏小

[42] 克卜勒已經證明了，對於小離心率，從太陽上看到的視角速度與行星和太陽之間的距離的平方成反比。參見第三章，第六條。——中譯者

的程度較小，近日運動偏小的程度較大。

因此，根據前面得出的偏心周日弧的比例，我完全可以在頭腦中假想，單顆行星的這些視極運動之間存在著和諧，可以構成諧和音程，因為我發現，和諧比例的平方根在任何地方都起著支配作用，而我知道視運動之比等於偏心運動之比的平方。但事實上，僅憑實際觀測，而不用借助推理就可以證明我的結論。正如你在上表中所看到的，行星的視運動之比非常接近和諧比例：土星和木星的比例分別略大於大三度和小三度，前者超出了 53:54，後者超出了 54:55 或更小，也就是說，約為一個半音差；地球的比例略大於一個半音（超出了 137:138，或者說幾乎半個音差）；火星小於一個五度（小於 29:30，接近 34:35 或 35:36）；水星的比例比一個八度大了小三度，而不是一個全音，即大約比全音小 38:39（約為兩個音差，即 34:35 或 35:36）。只有金星的比例小於任何諧和音程，其自身僅為一個第西斯；因為它的比例介於兩個音差和三個音差之間，超出了一個第西斯的三分之二，大約為 34:35 或 35:36，或者說等於一個第西斯減去一個音差。

對月球也可作這樣的考慮。[43] 我們發現它在方照時的每時遠地運動（即最慢的運動）是 26′26″，而在朔望時的每時近地運動（即最快的運動）是 35′12″。這樣就剛好構成了純四度，因為 26′26″ 的三分之一是 8′49″，它的 4 倍等於 35′16″。需要注意的是，除此以外，我們在視運動中再沒有發現純四度這個諧和音程了。還應注意，四度諧和音程與月相中的方照之間存在著類似之處。因此，前面所說的那些可以在單顆行星的運動中找到。

然而對於兩行星極運動之間的相互比較，無論你所比較的是發散極運動還是收斂極運動，只要我們看一看天體的和諧，便可豁然開朗。因為土星與木星的收斂運動比例恰好是 2 倍或一個八度，發散運動之比略大於 3 倍或八度加五度。由於 5′30″ 的三分之一是 1′50″，而土星

[43] 月球視運動的比例被取做地球上的觀測值。——中譯者

是 1′46″，所以行星的運動與諧和音程之間大約相差一個第西斯，即 26:27 或 27:28。如果土星在遠日點處的運動再小一秒，這個差就將等於 34:35，即金星的極運動之比。木星和火星的發散運動與收斂運動分別構成三個八度和兩個八度加三度，不過並非精確，因爲 38′1″ 的八分之一是 4′45″，木星是 4′30″，這兩個值之間仍然有 18:19（半音 15:16 與第西斯 24:25 的平均值）的差距，也就是說，接近於一個純小半音 128:135。⑭ 同樣，26′14″ 的五分之一是 5′15″，木星是 5′30″，因此這裏比 5 倍比例少了 21:22，而比另一個比例多了約一個第西斯 24:25。

　　構成兩個八度加小三度而非大三度的諧和音程 5:24 與此相當接近，因爲 5′30″ 的五分之一是 1′6″，它的 24 倍等於 26′24″，它與 26′14″ 相差不到半個音差。火星與地球被分配了最小的比例，它恰好等於一倍半或純五度，這是因爲 57′3″ 的三分之一是 19′1″，它的 2 倍等於 38′2″，這正是火星的值 38′11″。它們還被分配了較大的比例 5:12，即八度加小三度，但更不精確，這是因爲 61′18″ 的十二分之一是 5′6½″，乘以 5 得 25′33″，而火星則是 26′14″。因此，這裏小了約一個減第西斯，即 35:36。地球與金星被分配的最大和諧比例是 3:5，最小和諧比例是 5:8，即大六度和小六度，但又是不精確的，因爲 97′37″ 的五分之一乘以 3 得 58′33″，這要比地球的遠日運動大 34:35，行星比例大約超出和諧比例 35:36。94′50″ 的八分之一是 11′51″＋，它的 5 倍是 59′16″，大約等於地球的平均運動，因此這裏行星的比例要比和諧比例小 29:30 或 30:31，這個值也接近於一個減第西斯 35:36，這個最小比例就是行星比例與純五度之間的差距。因爲 94′50″ 的三分之一是 31′37″，它的 2 倍是 63′14″，地球的近日運動 61′18″ 比它略小 31:32，所以行星的比例恰好等於臨近和諧比例的平均值。最後，金星和水星被分配的最大比例是兩個八度，最小比例是大六度，但不是精確的。這是因爲

⑭ 參見注釋㊳。——中譯者

384′的四分之一是 96′0″，金星是 94′50″，它比 4 倍比例大約多出了一個音差。164′的五分之一是 32′48″，乘以 3 得 98′24″，而金星是 97′37″，所以行星的比例大約超出了一個音差的三分之二，即 126:127。

以上就是被賦予行星的各種諧和音程。主要比較（即收斂極運動與發散極運動之間的比較）中的任何一個比例都非常接近於某種諧和音程，所以倘若以這樣的比例調弦，耳朵很難分辨出不諧和部分，只有木星與火星之間是個例外。⑤

接下來，如果我們比較同一側的運動⑥，結果也不應偏離諧和音程太遠。如果把土星的 4:5 comp. 53:54 與居間比例 1:2 複合，得到的結果 2:5 comp. 53:54 即爲土星與木星的遠日運動之比。⑰ 把 1:2 與木星的 5:6 comp. 54:55 複合，得到的結果 5:12 comp. 54:55 即爲土星與木星的近日運動之比。類似地，把木星的 5:6 comp. 54:55 與居間比例 5:24 comp. 158:157 複合，我們便得到遠日運動之比 1:6 comp. 36:35。⑱把同樣的 5:24 comp. 158:157 與火星的 2:3 comp. 30:29 複合，得到的

⑤ 克卜勒把「耳朵很難辨別出」的不諧和部分的最大值取作一個第西斯 24:25。只有木星的發散運動與火星的發散運動之間的不諧和部分大於一個第西斯，它的實際值是 128:135，即一個第西斯與一個半音的平均值。儘管這些不諧和部分已經相當小了，但它們還沒有小到克卜勒所希望的程度。因爲一個大到第西斯程度的不諧和部分在音樂演奏中是不被允許的，其可以接受的最大不諧和部分爲一個音差 80:81，小於第西斯的三分之一。——中譯者

⑥ 即比較兩行星的近日運動或遠日運動。——中譯者

⑰ comp. 代表比例或音程之間的「複合」，即兩者相乘。克卜勒在前面已經說明，土星的遠日運動與近日運動之間的比例比大三度 4:5 超出了 53:54 或一個半音差。而土星的近日運動與木星的遠日運動之間幾乎恰好相差一個八度 1:2，所以把前者與 1:2 複合，就得到了土星與木星的遠日運動之比。於是，這兩個遠日運動之間就比八度加大三度超出了大約一個半音差，它很好地落在了克卜勒所能接受的一個第西斯的極限之內。後面的計算也是類似的。——中譯者

⑱ 即木星與火星的遠日運動之比。這個值相當於比兩個八度加一個五度小兩個音差的音程。——中譯者

結果 5:36 comp. 25:24，即 125:864 或近似的 1:7，即爲（木星與火星的）近日運動之比：目前仍然只有這個比例是不和諧的。㊾ 再把第三個居間比例 2:3㊿ 與火星的 2:3 comp. 30:29 複合，得到的結果 4:9 comp. 30:29 或 40:87，即爲（火星與地球的）遠日運動之比，它是另一個不諧和音程。如果不與火星複合，而與地球的 15:16 comp. 137:138 複合，那麼就得到（火星與地球的）近日運動之比 5:8 comp. 137:138。51 如果把第四個居間比例 5:8 comp. 31:30 或 2:3 comp. 31:32 與地球的 15:16 comp. 137:138 複合，得到的結果即爲地球與金星的遠日運動之比，它的值接近 3:5，這是因爲 94′50″的五分之一是 18′58″，它的 3 倍是 56′54″，而地球是 57′3″。52 如果把金星的 34:35 53 與同一比例進行複合，便得到（地球與金星的）近日運動之比爲5:8，這是因爲 97′37″的八分之一是 12′12″＋，乘以 5 是 61′1″，而地球是 61′18″。最後，如果把最後一個居間比例 3:5 comp. 126:127 與金星的 34:35 複合，得到的結果 3:5 comp. 24:25 即爲（金星與水星的）遠日運動之比，它所對應的音程是不諧和的。如果把它同水星的 5:12 comp. 38:39 進行複合，便得到（金星與水星的）近日運動之比爲兩個八度或 1:4 減去大約一個第西斯。

因此，我們可以發現以下諧和音程：土星與木星的收斂極運動之間構成一個八度；木星與火星的收斂極運動之間約爲兩個八度加小三

㊾ 木星的近日運動與火星的遠日運動之比是 5:24 comp. 158:157，火星的遠日運動與木星的近日運動之比是2:3 comp. 30:29，把這兩個值複合起來，便得到木星與火星的近日運動之比，即克卜勒所說的不諧和音程 1:7。——中譯者

㊿ 即火星的近日運動與地球的遠日運動之比。——中譯者

51 於是火星與地球的近日運動之比對應著一個諧和音程，不諧和部分只有半個音差。——中譯者

52 這裏的不諧和部分約爲一個音差的四分之一。——中譯者

53 克卜勒已經說明金星的遠日運動與近日運動之比對應著一個第西斯減一個音差，即音程 34:35。——中譯者

度;火星與地球的收斂極運動之間是一個五度,其近日運動之間是小
六度;金星與水星的收斂極運動之間是大六度,發散極運動或者說近
日運動之間是兩個八度。因此,餘下的那點微小出入似乎可以忽略不
計(特別是對於金星和水星的運動),而不會損害主要是基於第谷·布
拉赫的觀測建立起來的天文學。

　　然而應當注意的是,木星與火星之間並不存在主要諧和音程,但
我只是在那裏才發現,正多面體的安放是近乎完美的,因爲木星的近
日距離約爲火星遠日距離的 3 倍,所以這兩顆行星力圖在距離上獲得
在其運動上沒有達到的完美和諧。

　　還應注意的是,土星與木星之間的較大行星比例超出 3 倍這一和
諧比例的量,大約等於金星的固有比例;火星與地球的收斂運動和發
散運動之間的較大比例也大約少了同樣的量。第三點要注意的是,對
於上行星來說,諧和音程建立在收斂運動之間,而對於下行星來說,
則是建立在同一方向的運動之間。⑭ 第四點要注意的是,土星與地球的
遠日運動之間大約爲五個八度,這是因爲 57′3″ 的三十分之一是 1′
47″,而土星的遠日運動是 1′46″。

　　此外,單顆行星建立的諧和音程與兩顆行星之間建立的諧和音程
有很大的不同,前者不能在同一時刻存在,而後者卻可以;因爲當同
一顆行星位於遠日點時,它就不可能同時位於近日點,但如果是兩顆
行星,就可以其中一顆在遠日點,同時另一顆在近日點。⑮ 這種由單顆
行星所構成的和諧比例與兩顆行星所構成的和諧比例之間的差別,類
似於被我們稱爲合唱音樂的素歌或單音音樂(古人唯一知曉的音樂種
類)⑯ 與複調音樂——人們晚近發明的所謂「華麗音樂」⑰ ——之間的

---

⑭ 即兩顆行星的遠日運動或近日運動之間。——中譯者

⑮ 由單顆行星所構成的諧和音只能像單線旋律那樣連續聽到,而兩顆行星所構成的諧和
　音卻可以同時聽到,就像在克卜勒認爲是晚近發明的複調音樂中一樣。——中譯者

⑯ 古希臘的合唱音樂是單線的,所有人都演唱同一種旋律。—— Elliott Carter, Jr.

差別一樣。在接下來的第五章和第六章中，我將把單顆行星與古人的合唱音樂相比較，它的性質將在行星運動中得以展示。而在後面的章節中，我將說明兩顆行星與現代的華麗音樂之間也是相符的。

第五章 系統的音高或音階的音、歌曲的種類、大調和小調均已在（相對於太陽上的觀測者的）行星的視運動的比例中表現了出來[58]

　　截至目前，我已經分別由得自天文學與和聲學中的數值證明了，在圍繞太陽旋轉的六顆行星的 12 個端點或運動之間構成了和諧比例，或者僅與這些比例相差最小諧和音程的極小一部分。然而，正如在第三卷中，我們先是在第一章建立起單個的諧和音程，然後才在第二章把所有諧和音程——盡可能多地——合為一個共同的系統或音階，或者說，是通過把包含了其餘諧和音程在內的一個八度分成了許多音級或音高，從而得到了一個音階一樣，現在，在發現了上帝親自在世界中賦予的和諧比例以後，我們接下來就要看看這些單個的和諧比例是分立存在的，以至於它們每一個都與其餘的比例沒有親緣關係，還是彼此之間是相互一致的。然而，我們不用進一步探究就可以很容易地下結論說，那些和諧比例是以最高的技巧配合在一起的，以至於它們就好像在同一個框架內相互支持，而不會有一個與其他的相衝撞；因為我們的確看到，在這樣一種對各項進行多重比較的時候，沒有一處是不出現和諧比例的。因為如果所有諧和音程都不能很好地搭配成一個音階，那麼若干個不諧和音程是很容易產生的（只要可能，它們就會出現）。例如，如果有人在第一項和第二項之間建立了一個大

㊄ 在素歌中，音符的所有時值都大體相等，而在「華麗音樂」中，音符有不同長度的時值，這使作曲家既可以規定不同對位部分組合在一起的方式，又可以製造豐富的表現效果。事實上從這時起，所有旋律都是「華麗音樂」的風格。—— Elliott Carter, Jr.

㊄ 參見注釋㊳。——原注

六度，並且以獨立於前者的方式在第二項和第三項之間建立了一個大三度，那麼他就要承認，在第一項和第三項之間存在著一個不諧和音程12:25。

現在，讓我們看看在前面通過推理而得到的結果是否真的是實際存在的事實。不過我先要提出一些告誡，以免我們在前進過程中遇到過多阻力。首先，我們目前應當忽視那些小於一個半音的盈餘或虧缺，因為我們以後將會看到什麼是它們的原因；其次，通過連續對運動進行加倍或減半，我們將把所有音程都限制在一個八度的範圍內，因為所有八度內的諧和音程都是一樣的。

表示八度系統的所有音高或音的數值都列在第三卷第八章的一個圖中，⑤⑨ 這些數值應被理解為許多對弦的長度。因此，運動的速度將與弦長成反比。⑥⓪

現在，通過連續減半而對行星的運動進行相互比較，我們得到：

水星在近日點的運動，第 7 次減半，或 $\frac{1}{128}$，3′0″

　　　在遠日點的運動，第 6 次減半，或 $\frac{1}{64}$，2′34″ − ⑥①

金星在近日點的運動，第 5 次減半，或 $\frac{1}{32}$，3′3″ + ⑥②

　　　在遠日點的運動，第 5 次減半，或 $\frac{1}{32}$，2′58″ −

地球在近日點的運動，第 5 次減半，或 $\frac{1}{32}$，1′55″ −

　　　在遠日點的運動，第 5 次減半，或 $\frac{1}{32}$，1′47″ −

火星在近日點的運動，第 4 次減半，或 $\frac{1}{16}$，2′23″ −

　　　在遠日點的運動，第 3 次減半，或 $\frac{1}{8}$，3′17″ −

木星在近日點的運動，　　　　減半，或 $\frac{1}{2}$，2′45″

　　　在遠日點的運動，　　　　減半，或 $\frac{1}{2}$，2′15″

土星在近日點的運動，　　　　　　　　2′15″

　　　在遠日點的運動，　　　　　　　　1′46″

設運動最慢的土星的遠日運動，即最慢的運動，代表著系統中的最低音 G，它的值是 1′46″。於是地球的遠日運動也代表著高出五個八度的同樣的音高，因為它的值是 1′47″；誰會願意去為土星遠日運動中的一秒而爭論不休呢？不過，還是讓我們考慮一下：這個差距將不

會大於 106:107，它小於一個音差。如果你加上 1′47″的四分之一，即 27″，那麼得到的和將是 2′14″，而土星的近日運動是 2′15″；⑬ 木星的遠日運動也是類似的，只不過要高出一個八度。因此，這兩個運動代

⑨ 此表如下：

諧和音程	弦長	現在的記譜
	1080	高音 g
半音	1152	f♯
小半音	1215	f
半音	1296	e
第西斯	1350	e♭
半音	1440	d
半音	1536	c♯
小半音	1620	c
半音	1728	b
第西斯	1800	b♭
半音	1920	A
半音	2048	G♯
小半音	2160	低音 G

——原注

⑩ 運動之比之所以與弦長成反比，是因為較快的運動對應著較高的音調，於是也就對應著較短的弦。——中譯者

⑪ 減號表示實際數值達不到這個數。——中譯者

⑫ 加號表示實際數值超過了這個數。——中譯者

⑬ 加上四分之一等價於加上大三度 4:5 的比例，所以如果較低的音取作 G，那麼較高的音將是 h。土星的近日運動和木星的遠日運動代表著一個比 h 音高 134:135 的比例，它小於一個音差。——中譯者

表著 b 音或稍高一點。把 1′47″ 的三分之一，即 36″⁻，加到整個數值
上，得到的和 2′23″⁻代表 c 音；這就是具有同樣數值的火星的近日
運動所代表的音高，只不過要高出四個八度。⑥⁴ 把 1′47″ 加上它的一
半，即 54″⁻，得到的和 2′41″⁻將代表 d 音；這就是木星的近日運
動，只不過要高出一個八度，因為它的數值 2′45″ 與此相當接近。如果
把 1′47″ 加上它的三分之二，即 1′11″＋，那麼得到的和將是 2′58″＋。
而金星的遠日運動是 2′58″⁻，因此它代表 e 音，不過要高出五個八
度；水星的近日運動 3′0″ 超過它不多，不過高出了七個八度。最後，
把 1′47″ 的兩倍，即 3′34″，分成九份，把其中的一份 24″ 從中減去，得
到的差 3′10″＋代表 f 音，⑥⁵ 而火星的遠日運動 3′17″ 與此接近，只不過
高出了三個八度；不過實際數值要略大於正確的值，而接近於升 f。⑥⁶
因為如果從 3′34″ 中減去它的十六分之一 13½″，那麼剩下的 3′20½″
與 3′17″ 相當接近。的確，正如我們在音樂中屢見不鮮的，f 音經常用
升 f 音來代替。

　　因此，大音階（cantus duri）中的所有音（除了 A 音，它在第三
卷的第二章中也沒有被和諧分割表示）都被行星的所有極運動表示出
來了，除了金星和地球的近日運動以及接近升 c 音的水星的遠日運動
2′34″。因為從 d 音 2′41″ 中減去它的十六分之一 10″＋，得到的差就是
升 c 音 2′30″。於是就像你在表中所看到的那樣，只有金星和地球的遠
日運動不在這個音階之內。

---

⑥⁴ 加上三分之一等價於加上四度 3:4 的比例，由於較低的音取作 G，所以較高的音就是
　　c。——中譯者
⑥⁵ f 音比 e 音高出了半音，而 e 音與 G 音之間又相差大六度。於是，從 G 到 f 的音程就
　　由 3:5 和 15:16 的乘積，即 9:16 表示。通過減法運算，克卜勒得到了 3′34″ 的 ⁸⁄₉ 倍，這
　　個值等於 1′47″ 的 ¹⁶⁄₉ 倍。因此，1′47″ 與 3′10″ 的比例是 9:16。所以如果較慢的運動對應
　　著 G 音，那麼較快的運動就對應著 f 音。——中譯者
⑥⁶ 火星的遠日運動代表著一個高於 f 音約三個音差的音，而僅小於升 f 一個音差。——中
　　譯者

土星在遠日點的運動
空缺
土星在近日點的運動
木星在遠日點的運動
火星在近日點的運動
水星在遠日點的運動（近似）
木星在近日點的運動
金星在遠日點的運動（近似）
火星在遠日點的運動
地球在遠日點的運動

　　另一方面，如果把土星的遠日運動 2′15″作爲這個音階的開始，即代表 G 音，那麼 A 音是 2′32″－，它非常接近於水星的遠日運動；根據八度的等價性，b 音 2′42″非常接近於木星的近日運動；c 音是 3′0″，非常接近於水星和金星的近日運動；d 音是 3′23″－，火星的遠日運動 3′17″並不比它低很多，所以這個數值少於它的音的量大約與前一次同一個值多於它的音的量相同。降 e 音 3′36″大約是地球的遠日運動；e 音是 3′50″，而地球的近日運動是 3′49″；木星的遠日運動則又一次佔據了 g 音。這樣，正如你在圖中所見，除 f 音以外，小音階的一個八度之內的所有音符都被行星的大多數遠日運動和近日運動，特別是被以前漏掉的那些運動表示出來了。

土星在近日點的運動
水星在遠日點的運動
木星在近日點的運動
火星在近日點的運動
金星在近日點的運動
火星在遠日點的運動（近似）
地球在遠日點的運動（近似）
地球在近日點的運動
空缺
木星在遠日點的運動

前一次升 f 音表示出來了，A 音卻漏掉了；現在 A 音被表示出來了，升 f 音卻被漏掉了，因爲第二章中的和諧分割也漏掉了 f 音。

因此，一個具有所有音高的八度系統或音階（在音樂中，自然歌曲[67] 就是這樣轉調的）就在天上通過兩種方式表示出來了，就好像歌曲的兩種類型一樣。唯一的區別是：在我們的和諧分割中，實際上兩種方式都是從同一個端點 G 音開始的；但是對於行星的運動，以前的 b 音現在在小調中變成了 G 音。

天體運動的情況如下：

和諧分割的情況如下：

正如音樂中的比例是 2160:1800 或 6:5，對應著天空系統的比例是 1728:1440，它也是 6:5；其他情況也是這樣：[68]

$$2160:1800:1620:1440:1350:1080$$

對應著　　$1728:1440:1296:1152:1080:864$

你現在將不會再懷疑，音樂系統或音階中的聲音或音級的極爲漂亮的秩序已經被人建立起來了，因爲你看到，他們這裏所做的一切事

[67] 自然歌曲：無臨時記號的基本的大調系統或小調系統的音樂。

—— Elliott Carter, Jr.

[68] 這個關係對於這裏沒有列出的兩種情況也是成立的，即 2160:1920＝1728:1536 和 2160:1215＝1728:972。——中譯者

情只不過是在模仿我們的造物主，就好像是表演了一場排列天體運動等級的特殊的戲劇。

實際上，這裏還有另一種方法可以使我們理解天上的兩種音階，其中系統還是同一個，但卻包含了兩種調音（tensio），一種是根據金星的遠日運動來調音的，另一種是根據金星的近日運動來調音的。因為這顆行星運動變化的量是最小的，它可以被包含在最小的諧和音程第西斯之內。事實上，前面的遠日調音已經給土星、地球、金星和（近似的）木星的遠日運動定出了 G 音、e 音和 b 音，給火星、（近似的）土星以及水星的近日運動定出了 c 音、e 音和 b 音。[69] 而另一方面，近日調音除了給木星、金星和（近似的）土星的近日運動，以及在某種程度上給地球，還有毫無疑問的水星的近日運動定出了音高，而且還給火星、水星和（近似的）木星的遠日運動也定出了音高。讓我們現在假定，不是金星的遠日運動，而是其近日運動 3′3″ 代表 e 音。根據本卷第四章的結尾，水星的近日運動 3′0″ 在兩個八度以上與此非常接近。如果從 3′3″ 中減去這個近日運動的十分之一，即 18″，那麼餘下的 2′45″ 就是木星的近日運動，代表 d 音；如果加上它的十五分之一，即 12″，得到的和為 3′15″，大約為火星的近日運動，代表 f 音。對於 b 音，土星的近日運動和木星的遠日運動大約代表同樣的音高。如果把它的八分之一或 23″ 乘以 5，那麼得到的 1′55″ 就是地球的近日運動。[70] 儘管在同一音階裏，這個音與前面所說的並不符合，因為它沒有提出低

---

[69] 對應關係如下：

G	b	c	e
土星的遠日運動	木星的遠日運動	火星的近日運動	金星的遠日運動
地球的遠日運動	土星的近日運動		水星的近日運動

——中譯者

[70] 根據這裏的計算，地球的遠日運動代表一個比 e 音低小六度或比 G 音高一個第西斯的音。因為這些音程的和是 G 音和 e 音之間的大六度。但正如克卜勒接著指出的，這樣一個音並不屬於他在前面所說的音階。——中譯者

於 e 音的 5:8 這個音程或高於 G 音的 24:25 這個音程。但是，如果現在金星的近日運動以及水星的遠日運動⑦ 代表降 e 音而不是 e 音，那麼地球的近日運動將代表 G 音，水星的遠日運動就和諧了，因為如果把 3′33″ 的三分之一，即 1′1″ 乘以 5，得到 5′5″，它的一半 2′32″＋大約就是水星的遠日運動，它在這次特殊的排列中將定出 c 音。於是，所有這些運動彼此之間都位於同一調音系統內了。但是金星的近日運動⑫與前面三種（或五種）同處於一種調式的運動⑬ 對音階的劃分和它的遠日運動即大調式（denere duro）不同；而且，金星的近日運動與後面的兩種運動⑭ 劃分同一音階的方式也不同，即不是分成不同的諧和音程，而只是分成一種不同次序的諧和音程，即屬於小調（generic mollis）的次序。

但是本章已經足以說清楚情況是怎麼回事了，至於這些事物為什麼分別是這種樣子，以及為什麼不僅有和諧，而且還有很小的不和諧，我們將在第九章用最為清晰的論證加以說明。

第六章　音樂的調式或調⑮以某種方式表現於行星的極運動

這個結論可以直接從前面所說的內容得出，這裏就不用多說了；

⑦ 克卜勒本想說的是水星的近日運動。——中譯者

⑫ 這裏應該是遠日運動。——中譯者

⑬ 這裏的三種（或五種）運動指的是土星的近日運動和遠日運動、地球和木星的遠日運動以及火星的近日運動，它們分別代表著 G 音、b 音和 c 音。由於金星的遠日運動對應著 e 音，它與 G 音之間構成一個大六度，所以所有的音都屬於大音階。——中譯者

⑭ 這裏指的是地球的近日運動和水星的遠日運動，分別對應著 G 音和 c 音。由於水星的近日運動對應著降 e 音，它與 G 音之間構成一個小六度，所以這種劃分的所有音符都屬於小音階。——中譯者

⑮ τovoi 一詞被希臘人用來指調式。中世紀的音樂理論家把它的拉丁文形式「toni」用作「調式」的同義詞，類似於現代音樂中的調（key）。——中譯者

因為單顆行星通過它的近日運動以某種方式對應著系統中的某個音高，只要每顆行星都跨過了由某些音或系統的音高所組成的音階中的某個特定的音程。在上一章中，每顆行星都開始於那個屬於它的遠日運動的音或音高：土星和地球是 G 音，木星是 b 音，它可以轉調成較高的 G 音，火星是升 f 音，金星是 e 音，水星是高八度的 A 音。這裏每顆行星的運動都是用傳統的記譜法表示出來的。實際上，它們並沒有形成居間的音高，就像你在這裏看到的那樣填滿了音，因為它們從一個極點向另一個極點運動時並不是通過跳躍和間距，而是以一種連續變化的方式，實際上跨越了所有中間的音（它們的可能數目是無限的）——我只能用一系列連續變化的居間的音來表達，除此之外我想不到還能有其他什麼表達方式。金星幾乎保持同音，它的運動變化甚至連最小的諧和音程都達不到。

土星　　　　　　木星　　　　　　火星（近似的）　　　　地球

金星　　　　　　　水星　　　　　　　月球

[現代記譜法：

土星　　　　　　木星　　　　　　火星（近似的）　　　　地球

金星　　　　　　　水星　　　　　　　月球

—— *Elliott Carter, Jr.*]

　　但是普通系統中的兩個臨時記號（降號），以及通過跨越一個明確的諧和音程而形成的八度框架，卻是向區分調或調式（modorum）邁出了第一步。因此，音樂的調式已經被分配於行星之中。但我知道，要想形成和規定明確的調式，許多屬於人聲的東西都是必不可少的，也就是說，要包含音程的（一種）明確的（秩序）；所以我用了以**某種方式**這個詞。

　　和聲學家可以就每顆行星所表現出來的調式任意發表意見，因為這裏極運動已經被指定了。在傳統的調式⑦⑥ 中，我將賦予土星第七或第八調式，因為如果你把它的主音定在 G 音，那麼它的近日運動就上升到了 b 音；賦予木星第一或第二調式，因為如果它的遠日運動是 G 音，那麼它的近日運動就達到了降 b 音；賦予火星第五或第六調式，這不僅是因為火星幾乎包含了對於所有調式來說都是共同的純五度，而且主要是因為如果它和其餘的音一起被還原到一個共同的系統，那麼它的近日運動就達到了 c 音，遠日運動達到了 f 音，而這是第五或第六調式的主音；我將賦予地球第三或第四調式，因為它的運動局限在一個半音之內，而那些調式的第一個音程就是一個半音；由於水星的音程很寬，所以所有調式或調都屬於它；由於金星的音程很窄，所以顯然沒有調式屬於它，但是由於系統是共同的，所以第三和第四調式也屬於它，因為相對於其他行星，它定出了 e 音。（地球唱 MI，FA，

⑦⑥ 這八種調式統稱為教會調式，它們分別是：多利亞調式（Dorian）、副多利亞調式（Hypodorian）、弗利吉亞調式（Phrygian）、副弗利吉亞調式（Hypophrygian）、利第亞調式（Lydian）、副利第亞調式（Hypolydian）、混合利第亞調式（Mixolydian）、副混合利第亞調式（Hypomixolydian）。克卜勒提到的第一到第八種調式的順序便是如此。後來格拉雷安（Glareanus）又補充了四種調式：愛奧利亞調式（Aeolian）、副愛奧利亞調式（Hypoaeolian）、伊奧尼亞調式（Ionian）和副伊奧尼亞調式（Hypoionian）。在長期而緩慢的演變過程中，教會調式逐漸簡化而至消失，直到 17 世紀末才最後確定只用兩種現代調式，即大、小調式。參見第三卷，第十四章。——中譯者

MI，所以你甚至可以從音節中推出，在我們這個居所中得到了 MIsery［苦難］和 FAmine［饑餓］。）⑦

第七章　所有六顆行星的普遍和諧比例可以像普通的 四聲部對位那樣存在

現在，烏拉尼亞⑱，當我沿著天體運動的和諧的階梯向更高的地方攀登，而世界構造的真正原型依然隱而不現時，我需要有更宏大的聲音。隨我來吧！現代的音樂家們，按照你們的技藝來判斷這些不為古人所知的事情。從不吝惜自己的大自然，在經過了 2000 年的分娩之後，最後終於向你們第一次展示出了宇宙整體的真實形象。⑲通過你們對不同聲部的協調，通過你們的耳朵，造物主最心愛的女兒已經低聲向人類的心智訴說了她內心最深處的祕密。

（如果我向這個時代的作曲家索要一些代替這段銘文的經文歌，我是否有罪呢？高貴的《詩篇》以及其他神聖的書籍能夠為此提供一段合適的文本。可是，哎！天上和諧的聲部卻不會超過六個。⑳月球只是孤獨地吟唱，就像在一個搖籃裏偎依在地球旁。在寫這本書的時候，我保證會密切地關注這六個聲部。如果有任何人表達的觀點比這部著作更接近於天體的音樂，克利俄㉑定會給他戴上花冠，而烏拉尼亞也會把維納斯許配給他做新娘。）

前已說明，兩顆相鄰行星的極運動將會包含哪些和諧比例。但在極少數情況下，兩顆運動最慢的行星會同時達到它們的極距離。例如，

⑦ 參見關於六聲音階系統的注釋。——原注

⑱ 烏拉尼亞（Urania），司掌天文的繆斯女神。——中譯者

⑲ 克卜勒這裏指的是複調音樂的更為晚近的發明，他認為這是不為古希臘人所知的。——中譯者

⑳ 經文歌中的聲部數目並沒有限於六個或更少。——中譯者

㉑ 克利俄（Clio），司掌歷史的女神。——中譯者

土星和木星的拱點大約相距 81°。因此，儘管它們之間的這段 20 年的跨越要量出整個黃道需要 800 年的時間，[82] 但是結束這 800 年的跳躍並不精確地到達實際的拱點；如果它有稍微的偏離，那麼就還要再等 800 年，以尋求比前一次更加幸運的跳躍；整條路線被一次次地重複，直到偏離的程度小於一次跳躍長度的一半爲止。此外，還有另一對行星的週期也類似於它，儘管沒有這麼長。但與此同時，行星對的運動的其他和諧比例也產生了，不過不是在兩種極運動之間，而是在其中至少有一個是居間運動的情況下；那些和諧比例就好像存在於不同的調音中。由於土星從 G 音擴展到稍微過 b 音一些，木星從 b 音擴展到稍微過 d 音一些，所以在木星與土星之間可以存在以下超過一個八度的諧和音程：[83] 大三度、小三度和純四度。這兩個三度中的任何一個都可以通過涵蓋了另一個三度的幅度的調音而產生，而純四度則是通過涵蓋了大全音的幅度的調音而產生的。[84] 因爲不僅從土星的 G 音到木星的 cc 音，[85] 而且從土星的 A 音到木星的 dd 音，以及從土星的 G 音和 A 音之間的所有居間的音到木星的 cc 音和 dd 音之間的所有居間的音都將是一個純四度。然而，八度和純五度僅在拱點處出現。但固有音程更大的火星卻得到了它，以使其與外行星之間也通過某種調音幅度形成了一個八度。[86] 水星得到的音程很大，足以使其在不超過三個月的一個週期裏與幾乎所有行星建立幾乎所有的諧和音程。而另一方

[82] 這就是說，由於土星和木星每 20 年彼此相對旋轉一圈，它們每 20 年遠離 81°，而這 81° 的距離的終位置卻跳躍式地穿越了黃道，大約 800 年後才又回到同一位置。——英譯者

[83] 這些音程之所以是大於一個八度的，是因爲木星的運動已經除以了 2，以保證它們能與土星的音程位於同一個八度內。——中譯者

[84] 土星的最低音 G 音和木星的最高音 d 音之間（不算八度）是一個純五度，而純五度是一個大三度和一個小三度的組合，也是一個純四度和一個大全音的組合。——中譯者

[85] cc 即 c²。下同。——中譯者

[86] 事實上，土星的 G 音和 A 音與火星的 g³音和 a³音之間構成了四個八度，木星的 c¹音與火星的 c⁴音之間構成了三個八度。——中譯者

面，地球特別是金星由於固有音程窄小，所以不僅限制了它們與其他行星之間形成的諧和音程，而且彼此之間建立起來的諧和音程也寥寥無幾。但是，如果三顆行星要組合成一種和諧，那麼就必須來回運轉許多圈。然而，由於存在著許多個諧和音程，所以當所有最近的行星都趕上它們的鄰居時，這些音程就更容易產生了；火星、地球和水星之間的三重和諧似乎出現得相當頻繁，但四顆行星的和諧則要幾百年出現一回，而五顆行星之間的和諧就要幾千年見一回了。

　　而所有六顆行星都處於和諧則需要等非常長的時間；我不知道它是否有可能通過精確的運轉而出現兩次，或者它是否指向了時間的某個起點，我們這個世界的每一個時代都是從那裏傳下來的。

　　但只要六重和諧可以出現，哪怕只出現一次，那麼它無疑就可以被看作創世紀的徵象。因此我們必須追問，所有六顆行星的運動都組合成一種共同的和諧的樣式到底有多少種？探索的方法是：從地球和金星開始，因為這兩顆行星形成的諧和音程不超過兩種，而且這兩種音程（它包含了造成這種現象的原因）是通過運動的短暫的一致取得的。

　　因此，讓我們建立起兩種和諧的框架，每種框架都是由若干對極運動的數值限定的（通過這些數值，調音的界限就被指定了）。讓我們從每顆行星被准許的各種運動中尋找哪些是與之相符的。

所有行星的和諧，或大調的普遍和諧

為使b音處於諧和音程		在最低的調音	在最高的調音	［現代記譜法
水星	e⁷ b⁶ g⁶	380′20″ 285′15″ 228′12″	292′48″ 234′16″	5 x 8va
金星	e⁶ e⁵	190′10″ 95′5″	195′14″ 97′37″	4 x 8va

			57′3″	58′34″	
地球	g⁴ b³		35′39″	36′36″	2 x 8va
火星	g³		28′32″	29′17″	8va
木星	b		4′34″		
土星	B G		2′14″ 1′47″	1′49″	

—— Elliott Carter, Jr.]

為使c音處於諧和音程　　在最低的調音　在最高的調音　　　[現代記譜法

			380′20″		5 x 8va
水星	e⁷ c⁷ g⁶		204′16″ 228′12″	312′21″ 234′16″	
金星	g⁶ e⁵		190′10″ 95′5″	195′14″ 97′37″	4 x 8va
地球	g⁴ c⁴		57′3″ 38′2″	58′34″ 39′3″	地球 g⁴ b³
火星	g³		28′32″	29′17″	8va
木星	c¹		4′45″	4′53″	
土星	G		1′47″	1′49″	

—— Elliott Carter, Jr.]

土星用其遠日運動參與了這個普遍和諧，地球用的是遠日運動，

金星用的是大致的遠日運動；在最高的調音中，金星用的是近日運動；在中間的調音中，土星用的是近日運動，木星用的是遠日運動，水星用的是近日運動。所以以土星可以用兩個運動參與，火星用兩個運動參與，水星用四個運動參與。儘管其餘的都是一樣的，但土星的近日運動和木星的遠日運動卻沒有被允許，替代它們的是火星的近日運動。

其餘的行星都是用一個運動參與的，火星用兩個，水星用四個。

因此，在第二種框架中，另一種可能的和諧比例 5:8 存在於地球和金星之間。這裏，如果把金星在遠日點的周日運動 94′50″的八分之一 11′51″＋乘以 5，就得到了地球的運動 59′16″；而金星的近日運動 97′37″的類似部分等於地球的運動 61′1″。因此，其他行星的如下周日運動都是和諧的：

所有行星的和諧，或小調的普遍和諧

為使b音處於諧和音程		在最低的調音	在最高的調音	[現代記譜法——
水星	eb^7 bb^7 g^6	379′20″ 204′32″ 237′4″	295′56″ 244′4″	5 x 8va
金星	eb^6 eb^5	189′40″ 94′50″	195′14″ 97′37″	4 x 8va
地球	g^4 bb^4	59′16″ 35′35″	61′1″ 36′37″	2 x 8va
火星	g^3	29′38″	30′31″	8va

—— *Elliott Carter, Jr.*]

和前面一樣，在中間的調音中，土星用的是近日運動，木星用的是遠日運動，水星用的是近日運動。但在最高的調音中，地球用的是大致的近日運動。

為使c音處於諧和音程		在最低的調音	在最高的調音	[現代記譜法
水星	eb⁷ c⁷ g⁶	379'20" 316'5" 237'4"	325'26" 244'4"	5 x 8va
金星	eb⁶ c⁶ eb⁵	189'40" 94'50"	195'14" 162'43" 97'37"	4 x 8va
地球	g⁴	59'16"	61'1"	2 x 8va
火星	g³	29'38"	30'31"	8va
木星	c¹	4'56"	5'5"	
土星	G	3'51"	1'55"	

—— *Elliott Carter, Jr.*]

　　這裏，木星的遠日運動和土星的近日運動被去除了，除了水星的近日運動，水星的遠日運動也大致被接受了，其他的不變。

　　因此，天文學的經驗證明，所有運動的普遍和諧都可以發生，而且是以大調和小調兩種類型，每種類型都有兩種音高（如果我可以這樣說的話）；對於這四種情況中的任何一種，都有某種調音範圍，土星、火星和水星中的每一顆與其餘行星所形成的諧和音程也都有一定的變化。它並不是單純由居間的運動提供的，而是由除火星的遠日運動和木星的近日運動以外的所有極運動提供的；因爲前者對應著升 f 音，後者對應著 d 音，而永遠都對應著居間的降 e 音或 e 音的金星，則不允許那些臨近的不諧和音程處於普遍和諧之中，如果它有能力超過 e 音或降 e 音，它是會這樣做的，這個困難是由分屬雄性和雌性的地球和金星的結合所導致的。這兩顆行星根據配偶雙方的滿意情況把各種諧和音程分成了大調的、雄性的和小調的、雌性的。也就是說，或者地球處於遠日點，就好像保持著他的婚姻尊嚴，以與男人相稱的身分來行事，而把金星擠到了她的近日點做針線活兒；或者地球友好地讓她升至遠日點，或地球自己朝著金星降到近日點，就好像爲了快樂而投入她的懷抱，暫時把他的盾、武器以及與男人相稱的所有活計放到一邊；因爲在那個時候，諧和音程是小調的。

　　但是如果我們要求這個富有對抗性的金星保持安靜，也就是說，如果我們不去考慮所有行星形成的諧和音程，而只考慮除金星以外的其餘五顆行星所可能形成的諧和音程，那麼地球仍然處於其 g 音附近，而不會再升高一個半音。因此，bb 音、b 音、c 音、d 音、eb 音和 e 音仍然可以與 g 音處於和諧，在這種情況下，正如你所看到的，近日運動表示 d 音的木星被接納了。因此，火星的遠日運動所面臨的困難依舊。因爲表示 g 音的地球的遠日運動不允許火星表示升 f 音，而正如本卷第五章中所說，地球的遠日運動與火星的遠日運動之間不再和諧，它們大約相差半個第西斯。

除金星以外的五顆行星的和諧

大調		在最低的調音	在最高的調音	[現代記譜法
水星	d⁷ b⁶ g⁶	342′18″ 285′15″ 228′12″	351′24″ 292′48″ 234′16″	5 x 8va
		171′9″	175′42″	4 x 8va
金星的 阻礙	d⁶ e⁵	95′5″	97′37″	
地球 火星	g⁴ b³	57′3″ 35′39″	58′34″ 36′36″	2 x 8va
	g³	28′31″	29′17″	8va
木星	d¹ b¹	5′21″	5′30″ 4′35″	
土星	B G	2′13″ 1′47″		

—— *Elliott Carter, Jr.*]

這裏，在最低的調音，土星和地球用遠日運動參與；在中間的調音，土星用近日運動參與，木星用遠日運動參與；在最高的調音，木星用近日運動參與。

大調		在最低的調音	在最高的調音	[現代記譜法
水星	d⁷ b⁶ g⁶	342′18″ 273′50″ 228′12″	351′24″ 280′57″ 234′16″	5 x 8va

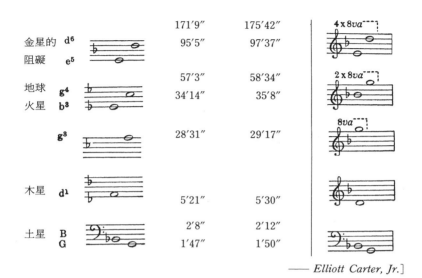

—— *Elliott Carter, Jr.*]

　這裏，木星的遠日運動不再被允許，但在最高的調音，土星用近
日運動參與。

　然而，土星、木星、火星和水星這四顆行星之間也可以存在以下
和諧，其中也將包括火星的遠日運動，但它沒有調音範圍。

為使b音處於諧和音程　　　　　　　　　　　　　　　[現代記譜法

火星　b⁸　34′59″

f♯⁸　26′14″

木星　d¹　5′15″

土星　B　2′11″

—— *Elliott Carter, Jr.*]

為使a音處於諧和音程

[現代記譜法

水星　d⁷
　　　a⁶

f♯⁶
d⁶

火星　a³

f♯³

木星　d¹

土星　A

—— *Elliott Carter, Jr.*]

因此，天體的運動只不過是一首帶有不諧和調音的（理智上的，而不是聽覺上的）永恆的複調音樂，猶如某種切分或終止式（人們據此模仿那些自然界的不諧和音），趨向於固定的、被預先規定的解決（每一個結束樂句都有六項，就像六個聲部一樣），並通過那些音區分和表達出無限的時間。⑧ 因此，人類作為造物主的模仿者，最終能夠發

⑧ 克卜勒在天體和諧與他那個時代的複調音樂之間所作的比較可以用帕萊斯特里那（Palestrina）的《受難的十字架》（*O Crux*）中的一段四聲部樂曲來說明：

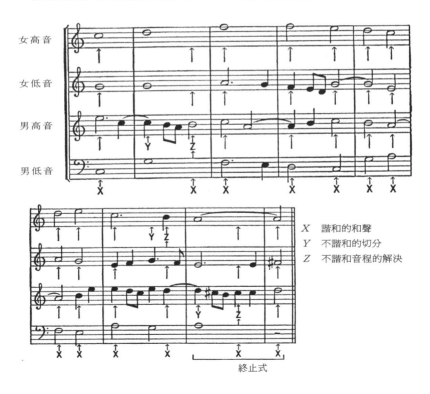

現不爲古人所知的和諧歌唱的藝術，以使其能夠通過一種多聲部的人造的協奏曲，用不到一個小時的短暫時間去呈現整個時間的永恆；人通過音樂這上帝的回聲而享受到天賜之福的無限甜美，從這種快感中他可以在某種程度上品嘗到造物主上帝在自己的造物中所享有的那種滿足。

第八章　在天體的和諧中，哪顆行星唱女高音，哪顆唱女低音，哪顆唱男高音，哪顆唱男低音

　　儘管這些詞都是用來形容人聲的，而人聲或聲音並不存在於天上，因爲運動是寂靜無聲的；即使是那些我們在其中發現了和諧的現象的運動也不能用眞正的運動來把握，因爲我們考慮的只是從太陽上看到的視運動；最後，儘管在天上並不像人的歌唱那樣要求特定數目的聲部來構成和諧（首先，由正多面體形成了五個間隔，從而得到了圍繞太陽旋轉的六顆行星的數目，然後——依照自然的順序而非時間的順序——運動的和諧一致就確立了），但我不知道爲什麼，這種與人的歌唱的美妙的和諧一致對我產生了如此強烈的影響，以至於即使沒有可靠的自然理由，我也不得不對這種比較進行探究。因爲從某種意義上說，第三卷第十六章中所講到的那些被習俗和自然歸於男低音的性質也同樣爲天上的土星和木星所擁有；我們還發現，火星有男高音的性質；地球和金星有女低音的性質；水星有女高音的性質，即使距

可以看到，這四個聲部（克卜勒所說的六個聲部也是一樣的）中的每一個都是從一個諧和的和絃沿著一條優雅的旋律線朝著另一個諧和的和絃運動，有時會加入一些音階中的幾個音或過渡音，以賦予一個聲部更多的旋律自由表現力。出於同樣的理由，一個聲部可以持續處於同一個音，而其他聲部則變到一個新的和絃。當這在新的和絃中變成了一個不諧和音程（被稱爲一個切分）時，它通常是通過再降到一個與其他聲部諧和的音來解決。正如在這個例子中，每個部分或「樂句」都是以終止式來結束的。—— Elliott Carter, Jr.

離不等，至少也是成比例的。不管怎樣，在下一章中，每顆行星的離心率都是從它們的固有原因中導出來的，而通過離心率又導出了每顆行星運動的固有音程，由此便得出了以下美妙的結論（我不知道它是否是通過籌措和必然性的調節引起的）：(1)由於男低音與女低音相對，所以有兩顆行星具有女低音的本性，有兩顆行星具有男低音的本性，正如在任何種類的音樂中，每一邊都有一個男低音和一個女低音；(2)根據我們在第三卷中講到的必然原因和自然原因，由於女低音在非常窄的音域中幾乎是最高的，所以幾乎處於最內層的行星，地球和金星的運動構成了最窄的音程，地球的音程比一個半音多不了多少，金星甚至還不到一個第西斯；(3)由於男高音是無障礙的，但卻適度地進行，所以只有火星——除了水星這個例外——能夠形成最大的音程，即一個純五度；(4)由於男低音可以做和諧的跳躍，所以土星和木星之間構成了諧和音程，從八度到八度加純五度之間變化；(5)由於女高音相比於其他是最無障礙的，也是最快的，所以水星可以在最短的週期裏跨過超過一個八度的音程。但這些也許都是偶然的，現在，讓我們聽一聽離心率的起因吧！

第九章　單顆行星的離心率起源於其運動之間的和諧比例的安排

因此我們發現，所有這六顆行星的普遍和諧比例都不可能出於偶然，特別是，除兩顆行星是同時處於與普遍和諧比例最接近的和諧比例中的外，所有的極運動都是與普遍和諧比例相吻合的。而且我們在第三卷通過和諧分割所確立的八度系統的所有音高也不大可能都由行星的極運動來指定；最不可能的是，天體的和諧被精妙地分成兩種——大調和小調，會是出於偶然，而沒有造物主的特殊關照。因此，一切智慧的源泉、秩序的堅定支持者、幾何與和諧的永恆而超驗的源泉——這位天體運動的造物主，一定是把起源於正平面圖形的和諧比例與五種正多面體聯繫了起來，並從這兩類形體當中塑造了一種最為

完美的天的原型。正如六顆行星運動於其上的球體是通過五種正多面體來保證的一樣，單顆行星的離心率的度量也是通過從平面圖形衍生出來的和諧比例（在第三卷中由它們導出）而被確定的，從而使行星的運動得以均衡勻稱。爲了使這兩種東西可以產生出一種和諧比例，兩球之間的較大比例應當在某種程度上屈從於離心率的較小比例，這對於和諧比例的獲得是必不可少的；因此，在和諧比例當中，那些與每一個多面體有較大親緣關係的比例應當與行星相配。於是，它可以通過和諧比例而得來；通過這種方式，軌道的比例和單顆行星的離心率最終都是從原型中同時產生出來的，而單顆行星的週期則是源於軌道的寬度和行星的體積。

當我力圖通過幾何學家所慣用的基本形式而使這種論證過程能夠爲人類的理智所把握的時候，願天的創始者、理智之父、人的感覺的饋贈者、至聖而不朽的造物主能夠阻止我心靈的黑暗帶給這部著作任何配不上他的偉大的東西，願他能使我們這些上帝的模仿者可以在生活的聖潔上來模仿他的作品的完美。爲此，他在地球上選擇了他的教堂，通過他兒子的血爲它贖了罪，並在聖靈的幫助下，讓我們遠離一切不和諧的敵意、所有的紛爭、敵對、憤怒、爭吵、糾紛、宗派、嫉妒、挑釁、令人惱火的玩笑以及人性的其他表現。所有那些擁有基督的精神的人不僅會同意我對這些事情的希望，而且會用行動去表達它們，擔負起他們的使命，棄絕一切虛僞的舉動，再也不用一種表面的熱情、對眞理的熱愛、博學多才、在老師面前表現出來的謙虛或任何其他虛僞的外衣來包裝它了。神聖的父啊!讓我們永遠彼此相愛，以使我們能夠合爲一體，就像您與您的兒子——我們的主、聖靈合而爲一一樣，就像您已使您的一切作品通過最爲美妙的和諧的紐帶合而爲一一樣。通過使您的臣民和諧一致，您的教堂就可以在地球上聳立起來，就像您從和諧之中構建了天本身一樣。

先驗的理由

1.公理。下面這種說法是合理的：**無論在什麼地方，只要有可能，單顆或兩顆行星的極運動之間必定已經建立起了一切種類的和諧，以使那種變化可以爲世界增輝。**

2.公理。**六個球之間的五個間距必定在一定程度上對應著五種正立體的內切球和外接球之比，順序與多面體本身的自然次序相同。**

關於這一點，參見本卷第一章、《宇宙的奧祕》和《哥白尼天文學概要》第四卷。

3.命題。**地球與火星之間的距離，以及地球與金星之間的距離同它們的球相比必定是最小的，並且大致是相等的；土星和木星之間的距離，以及金星與水星之間的距離居中，並且同樣大致相等；而木星與火星之間的距離則是最大的。**

由「2.公理」，在位置上對應於幾何球體比例最小的多面體的行星得出的比例也應該最小；對應於居間比例的多面體的行星得出的比例也應該居間；而對應於最大比例的多面體的行星得出的比例也應該最大。十二面體和二十面體之間的次序與火星與地球、地球與金星之間的次序是相同的；立方體和八面體之間的次序與土星和木星、金星和水星之間的次序是相同的；最後，四面體的次序與木星和火星之間的次序是相同的（參見本卷第三章）。因此，最小的比例將會在地球與火星、地球與金星之間存在，而土星和木星之間的比例大致等於金星和水星之間的比例；最後，木星和火星之間的比例是最大的。

4.公理。**所有行星都應當有不同的離心率和不同的黃緯運動，它們與太陽這個運動之源的距離也和離心率一樣各有不同。**

由於運動的本質不在於**存在**而在於**生成**，所以某一顆行星在運行過程中所穿過的區域的樣子或形狀並非從一開始就成爲立體的，而是隨著時間的推移，最後不僅要求長度，而且也要求寬度和深度，形成完整的三維；漸漸地，通過很多圈的交織和積聚，一種凹陷的球形就

顯現了出來——就像蠶絲在交織和纏繞很多圈後結成蠶繭一樣。

5.命題。**每一對相鄰行星必定被指定了兩種不同的和諧比例。**

因為根據「4.公理」，每顆行星與太陽之間都有一個最大距離和一個最小距離，所以根據本卷第三章，每顆行星都有最慢的運動和最快的運動。因此，存在著兩種極運動之間的主要比較，一種是兩顆行星的發散運動，另一種是它們的收斂運動。它們必定彼此不同，因為發散運動的比例會大一些，收斂運動的比例會小一些。但不同的行星對之間必定存在著不同的和諧比例，以使這種多樣性能夠為世界增輝（根據「1.公理」）；還因為根據「3.命題」，兩顆行星之間的距離的比例是不同的。但球與球之間的每一個確定的比例都因其量的關係而對應著和諧比例，一如本卷第五章中所證明的那樣。

6.命題。**兩個最小的和諧比例 4:5 和 5:6 在行星對之間不會出現。**

因為 5:4＝1000:800，6:5＝1000:833，但十二面體與二十面體的外接球與內切球之比都是 1000:795，這兩個比例標明了彼此距離最近的行星球之間的距離，或者說最小間距。因為對於其他多面體來說，外接球與內切球之間的距離要更大。然而，根據本卷第三章的第十三條，如果離心率與球之間的比例不是太大的話，那麼這裏運動之比仍然要大於距離之比。⑧⑧ 因此，運動之間的最小比例大於 4:5 和 5:6。因此，這些和諧比例事實上已為正多面體所排除，從而不會在行星間出現。

7.命題。**除非行星極運動之間的固有比例複合起來之後大於一個純五度，否則兩顆行星的收斂運動之間不會出現純四度的諧和音程。**

設收斂運動之比為 3:4。首先，假設沒有離心率，單顆行星的運動之間沒有固有的比例，而收斂運動和平均運動是相同的，那麼相應的

---

⑧⑧ 要想讓收斂運動表示一個小音程，行星之間必須非常接近。然而，五種正立體在行星球之間的嵌入給相鄰兩顆行星的距離設置了下限。對於正二十面體和正十二面體來說，它們的外接球與內切球的半徑之比是最小的，即約為 1000:795。克卜勒認為，這個比例對於讓收斂運動產生一個大三度或小三度是太大了。——中譯者

距離（根據這個假設，它就是球的半徑）就等於這個比例的 ⅔ 次方，即 4480:5424（根據本卷第三章）。但這個比例已經小於任何正多面體的兩球之比了，所以整個內球將被內接在任何一個外球的正多面體的表面所切分，但這與「2.公理」是相違背的。

其次，設極運動之間的固有比例的複合是某個確定的值，並設收斂運動之比是 3:4 或 75:100，但相應距離之比是 1000:795，因為沒有正多面體有更小的兩球之比。由於運動之比的倒數要比距離之比大 750:795，所以如果按照第三章的原理，把這份盈餘除以 1000:795，那麼得到的結果就是 9434:7950，即為兩球之比的平方根。因此這個比例的平方，即 8901:6320 或 10000:7100，就是兩球之比。把它除以收斂距離之比 10000:795，得到的結果為 7100:7950，大約為一個大全音。平均運動與兩個收斂運動之間形成的兩個比例的複合必須足夠大，至少足以使收斂運動之間可以形成純四度。因此，發散極距離與收斂極距離之間的複合比大約是這個比例的平方根，即兩個全音；而收斂距離之比是它的平方，即比一個純五度稍大。因此，如果兩顆鄰近行星的固有運動的複合小於一個純五度，那麼其收斂運動之比就不可能是純四度。

8.命題。**和諧比例 1:2 和 1:3，即八度和八度加五度，應屬於土星和木星。**

因為根據本卷第一章，它們獲得了正多面體中的第一個——立方體，是第一級的行星和最高的行星；根據本書第一卷中的說法，這些和諧比例在自然的秩序中是排在最前列的，在兩大多面體家族——二分或四分的多面體以及三分的多面體——中是首領。[89] 然而，作為首領的八度 1:2 略大於立方體的兩球之比 $1:\sqrt{3}$；因此，根據本卷第三章第

---

[89] 這裏的 1:2 和 1:3 是第一卷中所說的「初級多面體家族中的首領」。第一家族包括邊數為 2，4，8……的多面體（或準多面體），第二家族包括邊數為 3，6，12……的多面體。參見第一卷，命題 30。——中譯者

十三條，它適合成爲立方體行星的運動的較小比例，而 1:3 則作爲較大比例。

然而，這個結論還可通過以下方式得到：如果某個和諧比例與正多面體的兩球之比之間的比例與從太陽上看到的視運動與平均距離之比相等，那麼這個和諧比例就會被理所當然地賦予運動。但是很自然地，根據本卷第三章結尾的內容，發散運動之比應當遠大於兩球之比的 ¾ 次方，也就是說，近乎於兩球之比的平方，而且 1:3 是立方體兩球之比 1:√3 的平方，因此，土星與木星的發散運動之比是 1:3（關於這些比例與立方體的許多其他關係，參見本卷第二章）。

9.命題。**土星和木星的極運動的固有比例的複合應當約爲 2:3，一個純五度。**

這個結論由前一命題可以得出；這是因爲，如果木星的近日運動是土星的遠日運動的 3 倍，而木星的遠日運動是土星的近日運動的 2 倍，那麼把 1:2 除以 1:3，得到的結果就是 2:3。

10.公理。**如果可以在其他方面進行自由選擇，那麼較高的行星的運動的固有比例應當在本性上就是優先的，或是更加卓越的，甚或是更加偉大的。**⑨⓪

11.命題。**土星的遠日運動與近日運動之比是 4:5，一個大三度；而木星的遠日運動與近日運動之比則是 5:6，一個小三度。**

因爲當它們複合起來之後等於 2:3，但 2:3 只能被和諧分割爲 4:5 和 5:6。因此，和諧的作曲家上帝和諧地分割和諧比例 2:3（根據「1.公理」），把它的較大的、更好的大調的男性的和諧部分給了土星這個較大較高的行星，而把較小的比例 5:6 給了較低的行星木星（根據「10.公

---

⑨⓪ 當克卜勒在行星球之間鑲嵌正多面體時，他是從最高的行星開始的。克卜勒解釋說，由於恆星區域是宇宙中最重要的部分，所以立方體作爲初級形體中的第一種，理應離恆星天球最近，從而確定了第一個距離比例，即土星與木星的距離之比，行星的自然順序也就可以由此確定下來了。克卜勒需要下一個命題來確定哪一顆行星應當擁有大三度和小三度。——中譯者

理」)。

12.命題。**金星和水星應當具有 1:4,即兩個八度這個大的和諧比例。**

因為根據本卷第一章,立方體是初級形體的第一個,八面體是次級形體的第一個。而從幾何上考慮,立方體在外面,八面體在裏面,即後者可以內接於前者,所以在宇宙中,土星和木星是外行星的起始,或者說是最外層的行星;而水星和金星則是內行星的起始,或者說是最內層的行星;八面體則被置於它們的路徑之間(參見本卷第三章)。因此,在這些和諧比例中,必定有一個初級的並且與八面體同源的和諧比例屬於金星和水星。而且,依照自然次序緊隨 1:2 和 1:3 之後的和諧比例是 1:4,它與立方體的和諧比例 1:2 是同源的,因為它也是從同一組圖形即四邊形中產生的,而且與 1:2 是可公度的,因為它等於 1:2 的平方;而八面體也與正方體同族,且與之可公度。而且,1:4 由於一個特別的原因而與八面體同源,即 4 這個數在這個比例中,而一個正方形隱藏在八面體當中,正方形的內切圓與外接圓之比是 $1:\sqrt{2}$。

因此,和諧比例 1:4 是這個比例的平方的連續冪,即 $1:\sqrt{2}$ 的 4 次方(參見本卷第二章)。於是,1:4 應當屬於金星和水星。由於在立方體中,1:2 是兩顆(最外)行星的較小的和諧比例,因為這裏是最外層的位置;所以在八面體中,1:4 將是兩顆(最內)行星的較大的和諧比例,因為這裏是最內層的位置。但 1:4 在這裏之所以被賦予較大的和諧比例而不是較小的和諧比例,還有以下的原因。[91] 因為八面體的兩球之比是 $1:\sqrt{3}$,如果假定八面體在行星中的鑲嵌是完美的(儘管它實際上不是完美的,而是略微穿過了水星天球——這對我們是有利的),那麼,收斂運動之比必定小於 $1:\sqrt{3}$ 的 $\frac{3}{2}$ 次方;但是 1:3 就是 $1:\sqrt{3}$ 的平方,於是就比真正的比例大,而比 1:3 還要大的 1:4 也要比真正的比例

---

[91]「較小」和「較大」的和諧比例等價於我們現在所說的「相距更近」和「相距更遠」的和諧比例。—— Elliott Carter Jr.

大，所以即使是 1:4 的平方根也不可能是收斂運動之比。⑫ 因此，1:4 不可能是較小的八面體比例，而應是較大的。

此外，1:4 與八面體的正方形同源，正方形的內切圓與外接圓之比是 1:$\sqrt{2}$，正如 1:3 與正方體同源，正方體的外切球和內切球之間的比例為 1:$\sqrt{3}$一樣。正像 1:3 是 1:$\sqrt{3}$ 的冪次，即它的平方一樣，這裏 1:4 也是 1:$\sqrt{2}$ 的冪次，即它的 4 次方。因此，如果 1:3 是立方體的較大和諧比例（根據「7.命題」），那麼 1:4 就應當成為八面體的較大和諧比例。

13.命題。**木星與火星的極運動應當具有如下和諧比例：一個是較大的和諧比例 1:8，即三個八度；另一個是較小的和諧比例 5:24，即兩個八度加一個小三度。**

因為立方體已經得到了 1:2 和 1:3，而位於木星和火星之間的四面體的兩球之比 1:3 等於立方體兩球之比 1:$\sqrt{3}$ 的平方。因此，數值等於立方體比例的平方的運動之比應當屬於四面體。但 1:2 和 1:3 的平方分別為 1:4 和 1:9，而 1:9 不是和諧比例，1:4 已經被用在了八面體上。因此，根據「1.公理」，這就必須要用到與這些比例鄰近的和諧比例。在這些相鄰比例當中，首先遇到的較小比例是 1:8，較大比例是 1:10。到底應該在這兩個比例中選擇哪個，則要根據它們與四面體的親緣關係決定。雖然 1:10 屬於五邊形組，但這與五邊形沒有任何共同之處。而四面體由於多方面的原因而與 1:8 有更大的親緣關係（參見本卷第二章）。

此外，下列理由也傾向於 1:8：正如 1:3 是立方體的較大和諧比例，1:4 是八面體的較大和諧比例一樣（因為它們是這兩個多面體的兩球之比的冪次），1:8 也應是四面體的較大和諧比例，因為正如本卷第一章中所說的，四面體的體積是內接於它的八面體的 2 倍，所以八面體比

⑫ 收斂運動之比小於 1:$(\sqrt{3})^{3/2}$=1:2.28。因此 1:3 大於收斂運動之比，1:4 也太大。1:3 比收斂運動的真正比例大出 3:3.28＝1.32:1，1:4 比收斂運動的真正比例大出 4:3.28＝1.75:1＝1.32²:1。——中譯者

例中的 8 是四面體比例中的 4 的 2 倍。

再有，正如立方體的較小和諧比例 1:2 是一個八度，八面體的較大和諧比例 1:4 是兩個八度一樣，四面體的較大和諧比例 1:8 就應該是三個八度。而且，更多的八度應該屬於四面體而不是立方體和八面體，這是因為，由於四面體的較小的和諧比例必定要大於其他多面體的較小和諧比例（因為四面體的兩球之比是所有多面體中最大的），所以四面體的較大和諧比例也要超過其他多面體的較大和諧比例幾個八度。最後，三個八度音程與四面體的三角形形式有親緣關係，而且與三位一體的普遍完美性相一致，因為甚至（三個八度的）項 8，也是完美的量，即三維的第一個立方數。

與 1:4 或 6:24 相鄰近的一個較大的和諧比例是 5:24，一個較小的和諧比例是 6:20 或 3:10。然而，3:10 屬於五邊形組，與四面體沒有任何共同之處。但 5:24 卻因 3 和 4（從中產生出 12 和 24）而與四面體有親緣關係。因為我們這裏忽略了其他較小的項，即 5 和 3，正如我們在本卷第二章中所看到的，它們與多面體的同源程度是最小的，而且四面體的兩球之比是 3:1，根據「2.公理」，收斂距離之比也應當大致與此相等。根據本卷第三章，收斂運動之比大約等於距離的 $\frac{3}{2}$ 次方之比的倒數，而 3:1 的 $\frac{3}{2}$ 次方約等於 1000:193。因此，如果取火星的遠日運動為 1000，則木星的（近日）運動將略大於 193，但會遠小於 1000 的三分之一，即 333。因此，木星和火星的收斂運動之間的和諧比例不是 10:3，即 1000:333，而是 24:5，即 1000:208。

14.命題。**火星極運動的固有比例應大於 3:4 這個純四度，而大約等於 18:25。**

設木星和火星被賦予了精確的和諧比例 5:24 和 1:8 或 3:24（根據「13.命題」）。把較大的 5:24 的倒數與較小的 3:24 複合，得到結果 3:5。而前面的「11.命題」說過，木星本身的固有比例是 5:6，再把這個比例的倒數與 3:5 複合，即把 30:25 與 18:30 進行複合，得到的結果就是火星的固有比例 18:25，它大於 18:24 或 3:4。但如果考慮到接下來的原因，即較大的共有比例 1:8 還要更大，那麼它還會變得更大。

15.命題。**和諧比例 2:3，即五度；5:8，即小六度；3:5，即大六度，將依次被分配給火星和地球、地球和金星、金星和水星的收斂運動。**

因爲介於火星、地球和金星之間的十二面體和二十面體具有最小的外接球和內切球之比，所以它們應當具有可能的和諧比例中最小的和諧比例，這樣才能同源，而且也使「2.公理」得到滿足。但是根據「4.命題」，所有和諧比例中最小的 5:6 和 4:5 是不可能的，因此，這些多面體應當具有大於它們的最近的和諧比例 3:4、2:3、5:8 或 3:5。

介於金星和水星之間的八面體的兩球之比與立方體是一樣的。但根據「8.命題」，立方體收斂運動之間的較小和諧比例是八度。因此，如果沒有其他數值介入，那麼根據類比，八面體的較小和諧比例也應是同一數值，即 1:2。但如下數值介入了進來：如果把立方體行星，即土星和木星的運動的固有比例複合起來，那麼結果將不大於 2:3；而如果把八面體行星，即金星和水星的運動的固有比例複合起來，結果就將大於 2:3。原因很顯然：假定我們所需要的是正方體和八面體之間的比例，設較小的八面體比例大於這裏給出的比例，而與立方體的比例 1:2 一樣大；但根據「12.命題」，較大的和諧比例是 1:4。因此，如果把它用我們已經假設的較小的和諧比例 1:2 去除，那麼得到的結果 1:2 仍將是金星和水星的固有比例的複合，但 1:2 大於土星和木星的固有比例的複合 2:3。根據本卷第三章，這個較大的複合的確會導致一個較大的離心率；但同樣根據本卷第三章，這個較大的離心率又會導致收斂運動之間的一個較小比例。因此，通過把這個較大的離心率乘以立方體與八面體之間的比例，我們就得到金星和水星的收斂運動之間也需要一個小於 1:2 的比例。不僅如此，根據「1.公理」，由於立方體行星的和諧比例是八度，所以另一個與此非常接近的和諧比例（根據較早的證明，它小於 1:2）應當屬於八面體行星。比 1:2 略小的比例是 3:5，作爲三者之中最大的，它應當屬於兩球之比最大的多面體，即八面體。因此，較小的比例 5:8、2:3 或 3:4 就被留給了兩球之比較小的二十面體和十二面體。

　　這些餘下的比例是這樣在剩下的兩顆行星中進行分配的。因爲在這些多面體當中，儘管兩球之比相等，但立方體得到了 1:2 這個和諧比例，八面體則得到了較小的和諧比例 3:5，以使金星和水星的固有比例的複合能夠超過土星和木星的固有比例的複合；所以儘管十二面體與二十面體的兩球之比相等，但前者應當擁有一個比後者更小但相當接近的和諧比例，原因是類似的：因爲二十面體介於地球和火星之間，而且如前所述有一個大的離心率；而正如我們在下面將會看到的，金星和水星卻有著最小的離心率。由於八面體的和諧比例是 3:5，二十面體的兩球之比較小，具有比 3:5 稍小的緊接著的比例 5:8，因此，留給十二面體的或者是餘下的 2:3，或者是 3:4；但更可能的是與二十面體的 5:8 較爲接近的 2:3，因爲它們是類似的多面體。

　　但 3:4 的確不可能。因爲儘管如前所述，火星的極運動之比足夠大，但地球——正如已經說過並將在下面闡明的——貢獻的固有比例太小，以至於不足以使兩個比例的複合超過一個純五度。因此，根據「7.命題」，3:4 不可能有自己的位置。這更是因爲——由下面的「17.命題」可得——收斂運動之比必定大於 1000:795。

　　16.命題。**金星和水星的固有運動之比的複合大約爲 5:12。**

　　把「15.命題」賦予這對行星的較小和諧比例 3:5 除以較大比例 1:4 或 3:12（根據「12.命題」），得到的結果 5:12 就是兩顆行星固有比例的複合。所以水星的極運動的固有比例要比金星的固有比例 5:12 小，這可以通過這些第一類的理由來理解。根據下面的第二類理由，通過把兩顆行星共有的和諧比例當作一種「酵母」包括進來，我們就會看到，只有水星的固有比例才是 5:12。

　　17.命題。**火星與地球的發散運動之間的和諧比例不可能小於 5:12。**

　　根據「14.命題」，只有火星的固有運動比例超過了純四度，大於 18:25。但根據「15.命題」，它們較小的和諧比例是純五度，因此，這兩部分的複合爲 12:25。但根據「3.命題」，地球也必須具有自己的固有比例。因此，由於發散運動的和諧比例是由以上這三種組分構成的，所

以它將大於 12:25。但接下來的一個比 12:25，即 60:125，稍大的和諧比例是 5:12，即 60:144。因此，根據「1.公理」，如果這兩顆行星的運動的較大比例需要一個和諧比例，那麼它不可能小於 60:144 或 5:12。

因此，至此爲止，根據目前所說的公理，除了只有地球和金星這一對行星僅僅被分配了一個和諧比例 5:8 之外，其餘所有行星對都出於必然理由而得到了兩個和諧比例。因此，我們現在必須重新開始進一步探索它的另一個和諧比例，即較大的或發散運動的和諧比例。

後驗的理由

18.公理。**運動的普遍和諧比例必定是由六種運動的相互調節，特別是通過極運動來確立的。**

由「1.公理」可以證明。

19.公理。**在運動的一定範圍內，普遍和諧比例必須是一樣的，以使它們能夠出現得更加頻繁。**

如果它們被局限於運動的個別的點，那麼它們就有可能永遠也不出現，或者出現得非常少。

20.公理。**正如第三卷已經證明的，由於對和諧比例種類（generum）的最自然的區分是大調和小調，所以兩種普遍和諧比例必須在行星的極運動之間獲得。**

21.公理。**兩種和諧比例的不同種類必須被確立，以使世界的美可以通過所有可能的變化形式來展現；這只能通過極運動，或至少是通過某些極運動來實現。**

由「1.公理」可得。

22.命題。**行星的極運動必已指定了八度系統的音高或音符，或者音階中的音符。**

正如第三卷已經證明的，基於一個共有音符的和諧比例的起源和比較產生了音階，或者說把八度分成了它的音高或音符。因此，由於根據「1.公理」、「20.公理」和「21.公理」，極運動之間需要有不同的和

諧比例，所以某個天的系統或和諧音階需要通過極運動來做出眞正的劃分。

23.命題。**必定有這樣一對行星，其運動之間的和諧比例只存在大六度 3：5 和小六度 5：8。**

根據「20.公理」，和諧比例的種類之間存在著必然的區分。根據「22.命題」，這種區分是通過拱點處的極運動來實現的，因爲要想排列和整理它們，只有極運動──最快的運動和最慢的運動──才需要被確定，各種居間的調子都是當行星從最慢運動到最快運動的過程中自行產生的，它們不需要任何特別的關照。因此，只有當兩顆行星的極運動之間形成了一個第西斯或 24：25 時，這種排列才可能發生，因爲如第三卷中所解釋的，和諧比例的不同種類之間相差一個第西斯。

然而，第西斯或者是 4：5 和 5：6 這兩個三度之間的差距，或者是 3：5 或 5：8 這兩個六度之間的差距，或者是再升高一個或幾個八度之後的這些比例之間的差距。但是根據「6.命題」，4：5 和 5：6 這兩個三度在行星對之間並不出現；而且除了火星和地球這對行星的 5：12（與之相關的只有 2：3)[93]，增加一個八度的三度或六度也沒有出現，所以居間的比例 5：8、3：5 和 1：2 都同樣是容許的。因此，餘下的兩個六度 3：5 和 5：8 要被給予一對行星。而且它們運動的變化只能是六度，以至於它們既不會擴張到下一個較大的音程2：1，即一個八度，也不會縮小爲下一個較小的音程 2：3，即一個五度。這是因爲，儘管如果兩顆行星的收斂極運動之間構成一個純五度，發散運動之間構成一個八度，那麼同樣的兩顆行星也的確可以構成六度，從而跨過一個第西斯，但這卻不能體現運動的規定者的天道。因爲那樣一來，最小的音程第西斯──它潛藏於極運動之間所包含的所有大音程之中──就會被隨著調子連續變化的居間運動所超越，但它不是由它們的極運動決定的，因爲部分總

---

[93] 火星與地球的發散運動之比是 5：12，即一個八度加小三度；收斂運動之比是 2：3，即一個純五度。這是不搭配的，因爲 2：3 並沒有改變和諧比例的種類。──中譯者

是小於整體的，即第西斯總要小於介於 2:3 和 1:2 之間的較大音程 3:4，這裏，後者將被認為是由極運動所確定的。

24.命題。**改變了和諧比例種類的兩顆行星應當在它們極運動的固有比例之間形成一個第西斯，其中一個的固有比例將大於一個第西斯；它們的遠日運動之間應當形成一個六度，近日運動之間應當形成另一個六度。**

由於極運動之間構成了兩個相距為一個第西斯的和諧比例，這可以以三種方式來產生：或者一顆行星的運動保持不變，另一顆行星的運動變化一個第西斯；或者當上行星在遠日點，下行星在近日點時，兩者都變化半個第西斯，構成一個大六度 3:5，並且當它們移出那些音程彼此相互靠近，上行星運動到近日點，下行星運動到遠日點時，它們構成一個小六度 5:8；或者最後一種可能，在從遠日點向近日點運動的過程中，一顆行星比另一顆行星的變化更大，從而超過一個第西斯，於是這兩顆行星在遠日點的運動之間就形成了一個大六度，在近日點的運動之間就形成了一個小六度。但第一種方式是不合理的，因為那樣一來，這些行星中的某一顆將沒有離心率，從而與「4.公理」相違背；第二種方式不那麼美，也不那麼適宜：之所以不美，是因為不夠和諧，兩顆行星的運動的固有比例將不是悅耳的，因為任何一個小於第西斯的音程都是不諧和的。然而，讓某一顆行星受到這個不諧和的小音程的影響會好一些。事實上，它是不可能發生的，因為如果是這種方式，那麼極運動就會偏離系統的音高或音階的音符，從而與「22.命題」相違背；它之所以是不適宜的，是因為六度只在行星分別位於相反的拱點時的那些運動中出現：如果是這樣，那麼這些六度以及從它們當中導出的普遍和諧比例就不可能有地方產生。因此，當行星的所有（和諧）位置都被局限在它們軌道上的幾個有限的個別的點時，普遍和諧比例將會極為稀少，從而與「19.公理」相違背。因此，還剩下第三種方式，即每一顆行星都變化自己的運動，但其中一顆要比另一顆變化大，而且至少要相差一個完整的第西斯。

25.命題。**對於改變和諧種類的兩顆行星來說，上行星的固有運動**

的比例應當小於一個小全音 9:10；而下行星的固有運動的比例則應小於一個半音 15:16。

　　根據前一命題，它們或是通過遠日運動，或是通過近日運動來構成 3:5 的比例。但通過近日運動是不可能的，因爲那樣一來，它們的遠日運動之比就將是 5:8。因此，根據同一命題，下行星的固有比例將比上行星高出一個第西斯，但這是與「10.公理」相違背的。因此，它們只能通過遠日運動構成 3:5 的比例，近日運動構成的是 5:8 的比例，後者比前者小了 24:25。然而，如果遠日運動構成了一個大六度 3:5，那麼上行星的遠日運動與下行星的近日運動之間將構成一個超過大六度的音程，這是因爲下行星將複合其整個固有比例。

　　同樣地，如果近日運動構成一個小六度 5:8，那麼上行星的近日運動和下行星的遠日運動將構成一個小於小六度的音程，因爲下行星將複合其整個固有比例的倒數。然而，如果下行星的固有比例等於一個半音 15:16，那麼除了六度以外，純五度也可以出現，因爲一個小六度減去一個半音就成了一個純五度，但這是與「23.命題」相違背的。因此，下行星的固有音程將小於一個半音。由於上行星的固有比例要比下行星的固有比例大一個第西斯，而一個第西斯加上一個半音就成了一個小全音 9:10，因此，上行星的固有比例小於一個小全音 9:10。

　　26.命題。對於改變和諧種類的兩顆行星來說，上行星的極運動之間所構成的音程應當或者是一個第西斯的平方 576:625，即大約 12:13，或者是半音 15:16，或者是與前者或後者相差音差 80:81 的某個居間的音程；而下行星應當或者是一個純粹的第西斯 24:25，或者是一個半音與一個第西斯之差 125:128，即大約 42:43，或者最後，是與前者或後者相差音差 80:81 的某個居間的音程，也就是說，上行星應當構成第西斯的平方減去一個音差，下行星應當構成一個純粹的第西斯減去一個音差。

　　根據「25.命題」，上行星的固有比例應當大於一個第西斯，根據前一命題，它應當小於一個（小）全音 9:10。但事實上，根據「24.命題」，上行星應當超過下行星一個第西斯。和諧之美告訴我們，即使這些行

星的固有比例由於過小而不可能是和諧的，根據「1.公理」，如果可能，它們至少也應當是諧和的。但是，小於（小）全音 9:10 的諧和音程只有兩種，即半音和第西斯，但它們彼此之間相差不是一個第西斯，而是一個更小的音程 125:128。因此，上行星不可能具有一個半音，下行星也不可能具有一個第西斯；或者上行星具有一個半音 15:16，下行星具有 125:128，即 42:43；或者下行星具有一個第西斯 24:25，上行星具有第西斯的平方，即約為 12:13。但由於兩顆行星是平權的，所以即使諧和的性質不得不在它們的固有比例中被打破，它也必須在兩者中被均等地打破，從而使它們的固有音程之差仍將是一個精確的第西斯，根據「24.命題」，這對於區分和諧比例的種類是必要的。如果上行星的固有比例小於第西斯的平方的量或者超過一個半音的量，等於下行星的固有比例小於一個純粹的第西斯的量或者超過 125:128 這個音程的量，那麼諧和的性質就會在兩者中被均等地打破。

不僅如此，這種盈餘或虧缺必定是一個音差，即 80:81，因為為了使音差在天體運動中被表達的方式能夠像在和諧比例中一樣，即涌過彼此之間的音程的盈餘或虧缺來表達，和諧比例不能指定任何其他音程。因為在和諧音程中，音差是大小全音之差，它不以任何其他方式出現。

接下來我們需要探究的是，在那些被提出的音程中，哪些是更可取的。是第西斯（下行星的純粹第西斯和上行星的第西斯的平方），還是上行星的半音和下行星的 125:128。回答是第西斯，論證如下：因為儘管半音已經在音階中以不同方式表示過了，但與之相關的比例 125:128 還沒有被表示。另一方面，第西斯已經以不同方式表示過了，第西斯的平方也以一種方式表示了，即把全音分解為第西斯、半音和小半音；那樣一來，正如第三卷第八章中已經說過的，兩個第西斯大約相距兩個音高。另一種論證是，第西斯是可以對種類進行分類的，而半音卻不行。因此，相對於半音來說，我們必須給予第西斯更多的關注。總而言之，上行星的固有比例應當是 2916:3125，大約為 14:15，下行星的固有比例應當是 243:250，大約為 35:36。

你或許會問，至高的造物主的智慧可能像這樣沉湎於如此細緻而費力的計算嗎？我回答說，可能有許多原因對我是隱藏著的。但是，如果和諧的本性沒有提供更有份量的理由（因爲我們正在處理的比例小於所有諧和音程所能容許的範圍），那麼認爲上帝甚至連這些理由也遵循了，無論它們顯得有多麼瑣碎，這也並非愚蠢，因爲他從不規定任何沒有緣由的東西。相反，宣稱上帝選取這些量是隨機性的（它們都小於爲它們規定的界限——小全音）倒是愚蠢的。說他之所以把它們取成那樣的量，是因爲他願意這樣選擇，這樣說也是不充分的，因爲對於那些可以進行自由選擇的幾何事物來說，上帝做出的任何選擇都有某種幾何上的原因，正如我們可以在葉邊、魚鱗、獸皮、獸皮上的斑點以及斑點的排列等諸如此類的東西上所看到的那樣。

27.命題。**地球與金星的較大運動比例應該是遠日運動之間的大六度；較小的運動比例應該是近日運動之間的小六度。**

根據「20.公理」，區分和諧比例的種類是必要的。但是根據「23.命題」，只有通過六度才可能做到這一點。因爲根據「15.命題」，地球和金星這兩個相鄰的二十面體行星已經得到了小六度 5:8，所以以另一個六度 3:5 也應當指派給它們。但是根據「24.命題」，它不是在收斂極運動或發散極運動之間形成，而是在同側的極運動之間形成，即遠日運動之間形成一個六度，近日運動之間形成另一個六度。此外，和諧比例 3:5 與二十面體同源，因爲兩者都屬於五邊形組。參見本卷第二章。

這就是爲什麼精確的和諧比例可以在這兩顆行星的遠日運動和近日運動之間找到，而不能在收斂運動之間找到的原因（正如上行星的情況那樣）。

28.命題。**地球的固有比例大約爲 14：15，金星的固有比例大約爲 35：36。**

根據前一命題，這兩顆行星必定區分了和諧比例的種類。因此，根據「26.命題」，地球作爲上行星應該得到音程 2916:3125，大約爲 14:15，而金星作爲下行星則應得到音程 243:250，大約爲 35:36。

這就是爲什麼這兩顆行星具有如此之小的離心率，以及由此導出

的極運動之間的小音程或固有比例的原因，儘管比地球高的下一顆行星火星以及比地球低的下一顆行星水星具有最大的離心率。天文學證明了這一點的真實性，因為我們在本卷第四章中看到，地球的比例是14:15，金星是34:35，天文學的精確度幾乎無法把它與35:36區分開。⑨

29.命題。**火星與地球運動的較大和諧比例，即發散運動的和諧比例不可能是那些大於5:12的和諧比例中的一個。**

根據上面的「17.命題」，它不是小於5:12的比例中的任何一個；但是現在，它也不是大於5:12的比例中的任何一個。因為這些行星的另一個較小的共有比例2:3與火星的固有比例（根據「14.命題」，它將大於18:25）進行複合，得到的結果將會大於12:25，即60:125。把它與地球的固有比例14:15，即56:60（根據前一命題）進行複合，得到的結果將會大於56:125，大約為4:9，也就是說，略大於一個八度加一個大全音。而下一個比八度加全音更大的和諧比例是5:12，即八度加小三度。

請注意，我並沒有說這個比例既不大於也不小於5:12，而是說如果它必定是和諧的，那麼沒有其他和諧比例會屬於它。

30.命題。**水星運動的固有比例應當大於所有其他行星的固有比例。**

根據「16.命題」，金星和水星的固有運動複合起來大約為5:12。但是金星自己的固有比例是243:250，即1458:1500。把它的倒數與5:12即625:1500進行複合，那麼得到的結果625:1458就是水星自己的固有比例，它大於一個八度加一個大全音，而其餘行星中固有比例最大的行星——火星的固有比例小於2:3，即一個純五度。

事實上，如果把金星與水星這兩顆最低的行星的固有比例複合在

⑨ 地球與金星是唯一一對遠日運動和近日運動之間，而不是收斂運動和發散運動之間構成和諧比例的行星。其遠日運動的比例是0.602（大六度＝0.600），近日運動的比例是0.628（小六度＝0.625）。——中譯者

一起，那麼得到的結果將大致等於四顆較高行星的固有比例的複合。因爲正如我們馬上就會看到的，土星和木星的固有比例的複合超過了2:3，火星的固有比例小於2:3，把這兩個比例複合起來，得到4:9，即60:135。再把它與地球的14:15，即56:60複合起來，得到的結果爲56:135，它略大於5:12，而正如我們剛剛看到的，5:12是金星與水星的固有比例的複合。然而，這既不是被追求到的，也不是取自任何分立的、特殊的美的原型，而是通過與業已確立的和諧比例相關的原因的必然性自發出現的。

31.命題。**地球的遠日運動與土星的遠日運動之間的和諧比例必定是若干個八度。**

根據「18.公理」，普遍和諧比例是必定存在的，因此土星與地球、土星與金星之間也必定存在著和諧。但如果土星的其中一種極運動既不與地球的極運動保持和諧，也不與金星的極運動保持和諧，那麼根據「1.公理」，和土星的兩種極運動都與這些行星保持和諧相比，這樣的和諧將會更少。因此，土星的兩種極運動應該都與地球和金星保持和諧：其遠日運動與其中一顆行星保持和諧，其近日運動與另一顆行星保持和諧，因爲它是第一顆行星的運動，不存在什麼阻礙。因此，這些和諧比例將或者同音[95]（identisonae）或者不同音（diversisonae），即或者是連續加倍比例，或者是其他比例。但其他比例是不可能的，因爲在3和5（根據「27.命題」，它們確定了地球與金星的遠日運動之間的較大和諧比例）這兩項之間無法建立兩個調和平均值；因爲六度無法被分成三個音程（參見第三卷）。因此，土星的兩種運動不可能與3和5的調和平均值構成一個八度；但爲了使它的運動能夠與地球的3和金星的5之間形成和諧，它的一種運動必須與已經提到的行星之一構成同音的和諧比例，或者相差若干個八度。由於同音和諧比例更加卓越，所以它們也必須在更加卓越的極運動，即遠日運動

---

[95]「同音和諧比例」是指像3:5、3:10、3:20等這樣的比例。——原注

之間建立起來，這既是因為它們因行星的高度而佔據著卓越的位置，也是因為地球和金星把和諧比例 3:5（我們把它處理為較大的和諧比例）當成了它們的固有比例和某種意義上的特權。雖然根據「27.命題」，這個和諧比例也屬於金星的近日運動和地球的某種居間的運動，但它開始是在極運動中形成的，居間的運動則是在這之後。

我們一方面有最高的行星土星的遠日運動，另一方面，與之相配的必須是地球的遠日運動而非金星的遠日運動，因為在這兩顆區分了和諧種類的行星當中，地球是較高的行星。還有一個更加直接的原因：後驗的理由——我們現在正在討論的——實際上修正了先驗的理由，不過只是對最小的地方進行了修正，因為它是一個有關小於所有諧和音程的音程的問題。但根據先驗的理由，不是金星的遠日運動，而是地球的遠日運動接近於與土星的遠日運動之間建立起來的幾個八度的和諧比例。因為如果把以下幾項複合起來：第一，土星運動的固有比例，即土星的遠日運動與近日運動之比 4:5（「根據 11.命題」）；第二，土星與木星的收斂運動之比，即土星的近日運動與木星的遠日運動之比 1:2（根據「8.命題」）；第三，木星與火星的發散運動之比，即木星的遠日運動與火星的近日運動之比 1:8（根據「14.命題」）；第四，火星與地球的收斂運動之比，即火星的近日運動與地球的遠日運動之比 2:3（根據「15.命題」），那麼你就會發現，土星的遠日運動與地球的近日運動之間的複合比例為 1:30，它比 1:32 或五個八度僅僅小了 30:32，即 15:16 或一個半音。因此，如果一個被分成了比最小的諧和音程還小的各個部分的半音與這四個組分相複合，那麼土星和地球的遠日運動之間就會形成一個完美的五個八度的和諧比例。然而，要想使土星的同一遠日運動與金星的遠日運動之間能夠形成若干個八度，那麼根據先驗的理由，從中拿掉大約一個純四度是必要的，因為如果把地球與金星的遠日運動之比 3:5 同前面四種組分構成的比例 1:30 複合起來，那麼根據先驗的理由，我們發現土星與金星的遠日運動之比是 1:50，這個音程與五個八度 1:32 相差 32:50，即 16:25，或純五度加一個第西斯；與六個八度 1:64 相差 50:64，即 25:32，或純四度減一個第西斯。

因此，同音和諧比例必定要被建立起來，不過不是建立在金星與土星的遠日運動之間，而是建立在地球與土星的遠日運動之間，以使土星可以保持一種與金星不同音的和諧比例。

32.命題。**在行星的小調的普遍和諧比例中，土星精確的遠日運動與其他行星之間不可能形成精確的和諧比例。**

地球的遠日運動並不與小調的普遍和諧比例相一致，因為地球和金星的遠日運動之間構成了大調的音程3:5（根據「27.命題」），而土星的遠日運動與地球的遠日運動之間構成了一個同音的和諧比例（根據「31.命題」）。因此，土星的遠日運動與它也不一致。不過，土星在非常接近於遠日點的地方有一種稍快的運動，它非常接近於小調──我們已經在本卷第七章中很清楚地看到了這一點。

33.命題。**大調的和諧比例和大音階與遠日運動密切相關，而小調的和諧比例和小音階與近日運動相關。**

雖然大調的和諧比例（dura harmonia）不僅在地球的遠日運動與金星的遠日運動之間形成，而且也在地球比遠日點低的運動和金星比遠日點低的運動（直到近日點）之間形成；另一方面，小調的和諧比例不僅在金星的近日運動和地球的近日運動之間形成，而且也在金星比近日點高的運動（直到遠日點）和地球比近日點高的運動之間形成（根據「27.命題」）；但是，對這些種類的和諧比例的指定只屬於每顆行星的極運動（根據「20.公理」和「24.命題」）。因此，大音階只被指定給遠日運動，小音階只被指定給近日運動。

34.命題。**大音階與兩顆行星中的上行星的關係更近，小音階則與下行星的關係更近。**

因為大音階是遠日運動所固有的，小音階是近日運動所固有的（根據上一命題），而遠日運動比近日運動更慢，也更低沉，因此，大音階是較慢的運動所固有的，小音階是較快的運動所固有的。但兩顆行星中的上行星與較慢的運動更加相關，下行星與較快的運動更加相關，因為固有運動的快慢總是與行星在世界中的高度相伴隨的。因此，在同時具有兩種調式的兩顆行星中，上行星與大音階的關係更近，下行

星則與小音階的關係更近。而且，大音階使用了大音程 4:5 和 3:5，小音階使用了小音程 5:6 和 5:8。但是，上行星既有一個更大的天球和更慢的運動，也有一個更長的軌道；那些在兩方面都符合的東西是彼此更加親近的。

35.命題。**土星和地球與大音階的關係更近，而木星和金星則與小音階的關係更近。**

首先，與金星一起指定兩種音階的地球是上行星。因此根據上一命題，地球主要包含大音階，金星主要包含小音階。而根據「31.命題」，土星的遠日運動與地球的遠日運動之間構成了一個八度的和諧比例，因此，根據「33.命題」，土星也包含大音階。其次，根據「31.命題」，土星因其遠日運動而更加青睞大音階，而且根據「32.命題」，排斥小音階。因此，較之小音階，它與大音階的關係更為密切，因為音階是被極運動指定的。

木星與土星相比是下行星。由於大音階屬於土星，所以根據上一命題，小音階應當屬於木星。

36.命題。**木星的近日運動與金星的近日運動必定在同一音階上相一致，但構不成和諧比例，而與地球的近日運動就更不可能構成和諧比例了。**

根據前一命題，木星主要與小音階相關，而根據「33.命題」，近日運動與小音階密切相關，因此，木星通過其近日運動必定指定了小音階，也就是說，指定了它的確定音高或主音（phthongum）。但是根據「28.命題」，金星的近日運動與地球的近日運動也指定了同一音階，因此，木星的近日運動將與它們的近日運動在同一個音階中相關聯。但它不可能與金星的近日運動建立和諧比例，因為根據「8.命題」，它應當與土星的遠日運動，即木星的遠日運動是 G 音的那個系統的 d 音構成 1:3 的和諧比例，但金星的遠日運動是 e 音，因此，它與 e 音之間的差距在最小的和諧比例所對應的音程之內。最小的和諧比例是 5:6，但 d 音和 e 音之間的音程還要小很多，即 9:10，一個全音。儘管金星在近日點的音要高於遠日點的 e 音，但這種提高要小於一個第西斯（根據

「28.命題」)。然而，如果把一個第西斯（因此還包括那些更小的音程）與一個小全音複合，那麼結果還不到最小的和諧比例 5:6 所對應的音程。因此，木星的近日運動不可能既與土星的遠日運動之間構成 1:3 或接近 1:3 的比例，同時又與金星保持和諧。它也不能與地球保持和諧，因為如果木星的近日運動已經被調整到金星的近日運動的同一音階，以至於它能與土星的遠日運動形成 1:3 的音程，差距小於最小的音程，也就是說，與金星的近日運動相差一個小全音 9:10 或 36:40（再加上幾個八度），而地球的近日運動與金星的近日運動相差 5:8，即 25:40，那麼地球和木星的近日運動將相差 25:36（再加上幾個八度）。但這不是和諧比例，因為它是 5:6 的平方，或一個純五度減去一個第西斯。

37.命題。土星與木星的固有複合比例 2:3，以及它們較大的共有和諧比例 1:3，必須增加一個等於金星（固有）音程的音程。

根據「27.命題」和「33.命題」，金星的遠日運動有助於指定大音階，近日運動有助於指定小音階。而根據「35.命題」，土星的遠日運動也應當與大音階一致，從而與金星的遠日運動一致。但是根據上一命題，木星的近日運動與金星的近日運動之間也要一致。因此，金星的遠日運動與近日運動之間的音程有多大，與土星的遠日運動形成 1:3 比例的木星的近日運動也應當加上多大。但是根據「8.命題」，木星與土星的收斂運動之間的和諧比例是精確的 1:2。因此，如果從音程 1:2 中減去這個大於 1:3 的音程，那麼得到的大於 2:3 的結果就是這兩顆行星的固有比例的複合。

在前面的「28.命題」中，金星運動的固有比例是 243:250，約為 35:36。但是在本卷第四章中我們看到，土星的遠日運動與木星的近日運動之間所構成的比例要比 1:3 略大，這個大出來的量介於 26:27 與 27:28 之間。但是如果把一秒——我不知道天文學能否探測到這個差別——加在土星的遠日運動上，那麼這兩個量就完全相等了。

38.命題。到目前為止通過先驗的理由建立起來的土星和木星的固有比例的複合 2:3 的盈餘因數 243:250，必須以這樣的方式被分配到行星中去：其中的一個音差 80:81 給土星，餘下的 19683:20000 或約

爲 62:63 的比例給木星。

　　由「19.公理」可得，這個因數必須在兩顆行星中分配，以使每顆行星都能在一定程度上與同它相關的普遍和諧比例相一致。但是，音程 243:250 小於所有的諧和音程。因此，沒有和諧規則能夠把它分成兩個諧和的部分，除了在前面「26.命題」中劃分第西斯 24:25 時需要的音程，即把它分成一個音差 80:81（這是那些小於諧和音程的音程中最主要的一個[96]）和略大於一個音差的 19683:20000，約爲 62:63。然而，要分離的不是兩個音差，而是一個音差，以免各個部分太不相等，因爲土星和木星的固有比例非常接近於相等（根據「10.公理」，甚至會擴展到那些比它們還小的諧和音程），還因爲音差是由一個大全音和一個小全音所確定的音程，而兩個音差卻不是。而且，儘管土星有著較大的固有和諧比例 4:5，但屬於土星這顆更高更大的行星的必定不是那個較大的部分，而是那個優先的、更美的即更和諧的部分。因爲根據「10.公理」，優先性與和諧的完美性是首先要考慮的，而對量的考慮可以放在最後，因爲量本身是沒有美可言的。於是，正如我們在第三卷第十二章中對它的稱法，土星的運動變爲 64:81，即一個摻雜[97]大三度，而木星的運動變爲 6561:8000。

　　我不知道在給土星增加一個音差以使土星的極距離可以構成一個大全音 8:9 的原因當中，它是否應當算一個，抑或它是從運動的前述原因中直接導出的。因此，至於爲什麼在本卷第四章中，土星的音程被發現包含了大約一個大全音，你在這裏有的不是一個推論，而是一個原因。

　　39.命題。土星的精確近日運動以及木星的精確遠日運動都不能構

---

[96]關於對小於諧和音程的音程的劃分，克卜勒使用了音差而沒有任意進行劃分，是因爲他在「26.命題」中說，即使和諧的本性沒有對這種音程的劃分提供更有份量的理由，上帝也不會沒有任何緣由地規定一個東西。——中譯者

[97]參見注釋[38]。——原注

成大調的行星的普遍和諧比例。

根據「31.命題」，由於土星的遠日運動應當與地球和金星的遠日運動構成精確的和諧比例，所以比它的遠日運動快 4:5 或一個大三度的土星的運動也將與它們構成和諧比例；因爲地球與金星的遠日運動構成了一個大六度，而根據第三卷的證明，它又可分解爲一個純四度和一個大三度，因此，土星的這個比已經是和諧的運動還要快（快的量小於一個諧和音程）的運動將不會處於精確的和諧。但這樣一種運動是土星的近日運動本身，因爲根據「38.命題」，土星的近日運動要比遠日運動大 4:5，即一個音差或 80:81（小於最小的諧和音程）。因此，土星的精確近日運動實際上並不和諧。而木星的精確遠日運動也並不眞正和諧，因爲根據「8.命題」，它與土星的近日運動相差一個純八度，根據第三卷中所說的內容，它也不能處於精確的和諧。

40.命題。**根據先驗理由建立起來的木星與火星的發散運動的聯合和諧比例 1:8 或三個八度必要必須要加上一個柏拉圖小半音。**

因爲根據「31.命題」，土星與地球的遠日運動之間必須構成 1:32，即 12:384 的比例；而根據「15.命題」，地球的遠日運動與火星的近日運動之間必須構成 3:2，即 384:256 的比例；根據「38.命題」，土星的遠日運動與它的近日運動之間必須構成 4:5 或 12:15 的比例，再加上它的額外增量；最後，根據「8.命題」，土星的近日運動與木星的遠日運動之間必須構成 1:2 或 15:30 的比例；因此，在減去土星的額外增量之後，還剩下木星的遠日運動與火星近日運動之間的 30:256。但 30:256 要比 32:25 大 30:32，即 15:16 或 240:256，爲一個半音。因此，用土星的額外增量（根據「38.命題」，它應當是 80:81，即 240:243）去除 240:256，得到的結果是 243:256。但這是一個柏拉圖小半音[98]，約爲 19:20，參見第三卷。因此，1:8 必須加上一個柏拉圖小半音。

於是，木星與火星的較大比例，即發散運動之間的比例應當是 243:

2048，大約是 243:2187 和 243:1944 的平均，即 1:9 和 1:8 的平均。在 1:9 和 1:8 這兩個比例中，前面所說的類比要求前者，[99] 而和諧比例接近於後者。

41.命題。**火星運動的固有比例必定是和諧比例 5:6 的平方，即 25:36。**

因為根據前一命題，木星與火星的發散運動之比應當是 243:2048，即 729:6144；而根據「8.命題」，其收斂運動之比應當是 5:24，即 1280:6144，因此，兩者的固有比例的複合必定是 729:1280 或 72900:128000。但是根據「28.命題」，木星自身的固有比例必定是 6561:8000，即 104976:128000。因此，如果用它除以兩者的複合比例，那麼得到的商 72900:104976，即 25:36，就是火星的固有比例，它的平方根是 5:6。

還可以這樣來說明：土星的遠日運動與地球的遠日運動之比為 1:32 或 120:3840；土星的遠日運動與木星的近日運動之比是 1:3 或 120:360，再加上它的額外增量；土星的遠日運動與火星的遠日運動之比是 5:24 或 360:1728。因此，剩下的 1728:3849 再減去土星與木星的發散運動之比中的那個額外增量，就是火星的遠日運動與地球的遠日運動之比。而地球的遠日運動與火星的近日運動之比是 3:2，即 3840:2500，因此，火星的遠日運動與近日運動之比就是 1728:2560，即 27:40 或 81:120，再減去所說的額外增量。但是 81:120 是一個小於 80:120 或 2:3 的音差，因此，如果從一個音差裏除去 2:3，再除去所說的額外增量（根據「38.命題」，它等於金星的固有比例），那麼剩下來的就是火星的固有比例。而根據「26.命題」，金星的固有比例是一個第西斯減去一個音差。而一個音差加一個第西斯再減去一個音差，就得到一個完整的第西斯或 24:25。因此，如果用 2:3，即 24:36，減去一個第西斯 24:25，那麼和以前一樣，得到的商 25:36 就是火星的固有比例。根據本卷第三

章，它的平方根 5:6 就是音程。⑩

這就是為什麼在本卷第四章中火星的極距離被發現包含了和諧比例 5:6 的又一個原因。

42. 命題。**火星與地球之間的較大的共有比例，或者說發散運動的共有比例必定是 54:125，小於根據先驗的理由建立的和諧比例 5:12。**

根據前一命題，火星的固有比例必定是減去了一個第西斯的純五度；而根據「15. 命題」，火星與地球的收斂運動的共有比例，或者說較小的共有比例必定是一個純五度，即 2:3；最後，根據「26. 命題」和「28. 命題」，地球的固有比例必定是減去了一個音差的第西斯的平方。由這些成分複合成了火星與地球之間的較大比例，即它們的發散運動之比；它等於兩個純五度（或 4:9，即 108:243）加一個第西斯減去一個音差，即兩個純五度加上 243:250。也就是說，它等於 108:250 或 54:125，即 608:1500。但這個比例要小於 625:1500，即 5:12，小的量是 602:625，即約為 36:37，它小於最小的諧和音程。

43. 命題。**火星的遠日運動不可能是任何普遍和諧比例；然而它必定在某種程度上與小音階保持和諧。**

由於木星的近日運動有一個尖聲的小調的 d 音，而且它與火星的遠日運動必定構成了和諧比例 5:24，所以火星的遠日運動也有一個同樣尖的摻雜 f 音。我之所以說是摻雜的，是因為儘管在第三卷的第十二章，我考察了摻雜的諧和音程，並從系統的構成中把它們推了出來，但某些存在於簡單自然系統中的摻雜和諧比例被漏掉了。於是，讀者們可以在結尾是「81:120」的一行後面加上：「如果把它除以 4:5 或 32:40，那麼得到的商 27:32，一個下小六度⑩，即使是在純粹的八度中，也存在於 d 與 f、或 c 與 e⑩、或 a 與 c 之間。」在接下來的表中，接

---

⑩ 根據本卷第三章第六條，偏心圓上的視周日弧之比幾乎精確地等於它們與太陽之間的距離的反比的平方。——中譯者

⑩ 這裏「六度」（sexta）可能應當是「三度」（tertia）。—— Elliott Carter, Jr.

⑩ c 和 e 在「自然系統」中並不產生一個下小三度。—— Elliott Carter, Jr.

下來這句話應當放在第一行：「對於 5:6，是 27:32，它是不足的」。

由此很明顯，正如根據我的基本原理所規定的，在自然系統中，真正的 f 音與 d 音之間構成一個不足的或摻雜的小三度。因此，根據「13.命題」，由於在確立了真正的 d 音的木星的近日運動與火星的遠日運動之間構成了一個純粹的小三度加兩個八度，而不是一個不足的音程，所以火星的遠日運動定出的音高要比真正的 f 音高一個音差。於是，它是一個摻雜的 f 音；所以它不是絕對地，而是在一定程度上與這個音階一致。但它不會進入一個普遍的和諧比例，無論是純的還是摻雜的，因為金星的近日運動佔據著這個調音中的 e 音。但由於 e 音和 f 音相鄰，它們之間的比例是不和諧的，因此，火星與金星的近日運動之間不是和諧的。但它也與金星的其他運動不和諧，因為它們比一個第西斯小一個音差。因此，由於金星的近日運動與水星的遠日運動之間是一個半音加一個音差，所以金星的遠日運動與火星的遠日運動之間將是一個半音加一個第西斯（不考慮八度），即一個小全音，它仍然是一個不和諧音程。現在，火星的遠日運動與小音階是一致的，但與大音階不一致。因為金星的遠日運動是大調的 e 音，而火星的遠日運動（不考慮八度）比 e 音高一個小全音，所以在這個調音中，火星的遠日運動必然落在 f 音和升 f 音中間，它將與 g 音（在這個調音中由地球的遠日運動所佔據）構成不諧和的 25:27，即一個大全音減去一個第西斯。

同樣可以證明，火星的遠日運動與地球的運動之間是不和諧的，因為它與金星的近日運動之間構成一個半音加一個音差，即 14:15（根據以前所說的），而根據「27.命題」，地球與金星的近日運動之間構成了一個小六度，即 5:8 或 15:24。因此，火星的遠日運動與地球的近日運動（加上幾個八度）之間將構成 14:24 或 7:12 的不和諧比例，它們是不諧和音程，7:6 也是一樣。因為 5:6 與 8:9 之間的任何音程都是不諧和音程和不和諧比例，比如這裏的 6:7。但地球沒有任何一種運動可以與火星的遠日運動構成和諧比例。因為前面已經說過，它與地球的遠日運動之間構成了不和諧比例 25:27（不考慮八度），但是從 6:7 或

24:28 到 25:27 之間的所有音程都小於最小的諧和音程。

44.推論。因此，從以上關於木星和火星的「43.命題」、關於土星和木星的「39.命題」、關於木星和地球的「36.命題」，以及關於土星的「32.命題」中，我們可以很清楚地看出，為什麼在本卷第五章中，我們發現行星的所有極運動都不是完美地處於一個自然系統或音階中，而且所有那些處於同一調音系統中的極運動並沒有以一種自然方式劃分那個系統的音高（loca），也沒有產生一種諧和音程的純粹自然的接續。因為單顆行星擁有個別的和諧比例、所有行星擁有普遍和諧比例、以及普遍和諧比例有大調和小調兩種類型的原因是優先的；當所有這些被假定之後，那麼對自然系統所做的各種形式的調整就不再可能了。但是，如果那些原因並不必然是優先的，那麼無疑地，或者一個系統和它的一個調音會包含所有行星的極運動；或者如果大調和小調兩種調式的歌曲需要兩個系統，那麼自然音階的實際秩序既可以在一個大調的系統中表達，也可以在另一個小調的系統中表達。於是，你在這裏看到了本卷第五章中對非常小的不一致（它們小於一切諧和音程[103]）所許諾的理由。

45.命題。金星與水星的較大共有比例，即兩個八度，以及在「12.命題」和「16.命題」中根據先驗的理由所確立的水星的固有和諧比例，必須加上一個等於金星音程的音程，以使水星的固有比例成為完美的5:12，於是水星的兩種運動都可以與金星的近日運動構成和諧。

由於土星這個外接於它的正多面體的、最高的、最外層的行星的遠日運動，必定與區分多面體級別的地球的最高的運動，即遠日運動構成和諧；因此，根據相反的定律，水星這個內切於它的正多面體的、最內層的、距太陽最近的行星的近日運動，必定與地球（它是共同的邊界）[104]最低的運動，即近日運動構成和諧：根據「33.命題」和「34.命

---

[103] 也就是小於一個第西斯。——中譯者

[104] 本卷第一章中區分了正多面體的雌雄等級。雄性多面體連同雌雄同體的正四面體位於地球以上，雌性多面體則位於地球以下，因此地球的軌道就成爲了一個邊界。——中譯者

題」，前者指定了和諧比例的大調，後者指定了小調。但是根據「27.命題」，金星的近日運動必須與地球的近日運動構成和諧比例 5:3，因此水星的近日運動也應當與金星的近日運動處於同一個音階中。然而，根據「12.命題」，先驗的理由決定了金星與水星的發散運動之間的和諧比例是 1:4，因此，根據這些後驗的理由，它必須通過加入金星的整個音程來進行調節。因此，金星的遠日運動與水星的近日運動之間不再構成兩個純八度，而是金星的近日運動與水星的近日運動之間構成兩個純八度。但是根據「15.命題」，收斂運動之間的和諧比例 3:5 也是純音程。因此，如果用 3:5 去除 1:4，得到的 5:12 就是水星的固有比例，它也是純音程，不過不會 （根據「16.命題」，通過先驗的理由） 再被金星的固有比例所減少。

另一種理由。正如只有外面的土星和木星才不被正十二面體和正二十面體這對配偶多面體接觸一樣，也只有裏面的水星才不被這對多面體接觸，因為它們接觸了裏面的火星、外面的金星以及處於中間的地球。因此，由於某個等於金星固有比例的比例已經被加給了被立方體和四面體所支撐的土星和木星的運動的固有比例，所以包含在與立方體和四面體有親緣關係的八面體之內的水星的固有比例也應當加上同樣大的值。這是因為，八面體是次級形體中唯一扮演著立方體和四面體這兩個初級形體 （關於這些，參見本卷第一章） 的角色的多面體，所以在內行星中也只有水星扮演著土星和木星這兩顆外行星的角色。

第三，因為根據「31.命題」，最高的行星土星的遠日運動必定與改變了和諧比例種類的兩顆行星中較高的、與之較近的行星的遠日運動構成若干個八度，即連續雙倍比例 1:32；所以反過來也是這樣，最低的行星水星的近日運動也必定要與改變了和諧比例種類的兩顆行星中較低的、與之較近的行星的近日運動構成若干個八度，即連續雙倍比例 1:4。

第四，只有土星、木星和火星這三顆外行星的極運動可以構成普遍和諧比例；所以內行星水星的兩種極運動也必定可以構成同樣的和諧比例；而根據「33.命題」和「34.命題」，中間的行星地球和金星必

定會改變和諧比例的種類。

最後，在三對外行星中，它們的收斂運動之間存在著完美的和諧比例，但它們的發散運動之間以及單顆行星的固有比例之間則存在著經過調節的（fermentatae）和諧比例；因此，反過來也是這樣，在兩對內行星中，完美的和諧比例既不應在收斂運動之間發現，也不應在發散運動之間發現，而應在同側的運動⑩之間發現。由於兩種完美的和諧比例應當屬於地球和金星，所以金星和水星也應當具有兩種完美的和諧比例。地球和金星的遠日運動之間以及它們的近日運動之間都應當被分配一個完美的和諧比例，因為它們必定改變了和諧比例的種類；而金星和水星由於沒有改變和諧比例的種類，所以也不要求在遠日運動之間和近日運動之間構成完美的和諧比例。然而，與遠日運動之間的經過調節的完美和諧比例不同，收斂運動之間卻存在著完美的和諧比例。正如內行星中最高的行星金星的固有比例是所有行星中最小的（根據「26.命題」），內行星中的最低的行星水星的固有比例是所有行星中最大的一樣（根據「30.命題」），金星的固有比例也是所有行星的固有比例中最不完美的，或是與和諧比例相距最遠的，而水星的固有比例也是所有行星的固有比例中最完美的，也就是說，絕對和諧的、沒有經過任何調節的比例；最終，這些關係在任何方面都是相反的。

超越一切時代的永恆的他就這樣妝點了他偉大的智慧傑作：沒有多餘，沒有瑕疵，沒有任何可指摘之處。它的作品是何等令人渴慕啊！所有事物都是一方平衡著另一方，沒有任何東西是缺少對方而存在的。他為每一樣東西都建立了善（裝飾和勻稱），並以最好的理由確證了它們，誰會對它們的光輝感到飽足呢？

46.公理。多面體在行星天球之間的鑲嵌如果不受約束，不被前面所說的原因的必然性所限，那麼它就應當完全遵循幾何內切與外接的

---

⑩即近日運動或遠日運動。——中譯者

比例，於是也要遵循內切球與外接球之比的條件。[106]

物理鑲嵌能夠精確地表現幾何鑲嵌，就像一件印刷作品精確地表現它的紋樣一樣，沒有什麼東西能比這更合理、更適當了。

47.命題。如果行星之間的正多面體的鑲嵌不受限制，那麼四面體的頂點就必定會觸到上方的木星的近日天球，其各面的中心會觸到下方的火星的遠日天球。然而，頂點分別位於各自行星的近日天球上的立方體和八面體，它們各面的中心必定穿過了它們內部的行星天球，以至於那些中心將會位於遠日天球與近日天球之間；而頂點接觸外面行星的近日天球的十二面體和二十面體，它們各面的中心必定不會達到它們內部的行星的遠日天球；最後，頂點位於火星近日天球的十二面體的「海膽」的反轉的邊[107]（連接著它的兩個立體角或「楔子」）的中點，必定非常接近金星的遠日天球。

由於無論是從起源上說，還是從在世界中的位置上說，四面體都是初級形體中的中間一個，所以如果不受阻礙，它必定會相等地跨過木星和火星兩個區域。因為立方體在它之上，也在它之外，二十面體在它之下，也在它之內，所以很自然地，它們的鑲嵌會帶來相反的結果（四面體介於二者之間），即其中一個多面體的鑲嵌是盈餘的，另一個多面體的鑲嵌是虧缺的，這就是說，一個會穿過內部行星的天球，另一個則不會穿過。由於八面體與立方體同源，它的兩球之比與立方體相等，二十面體與十二面體同源，因此，如果立方體的鑲嵌存在著某種完美性，那麼同樣的完美性也必定屬於八面體；如果十二面體的鑲嵌存在著某種完美性，那麼同樣的完美性也必定屬於二十面體。八面體的地位也非常類似於立方體的地位，二十面體的地位也非常類似

[106] 這條公理強調了正多面體在確定行星距離方面所起的作用，它使得克卜勒能夠把嚴格的鑲嵌與觀察到的距離之間可能產生的不一致，解釋成在構造宇宙過程中占據優先地位的和諧比例的必然結果。——中譯者

[107] 「反轉的邊」是指構成「海膽」核的正十二面體的邊。——中譯者

於十二面體的地位，因為正如立方體構成了通往外部世界的一個界限一樣，八面體也構成了通往內部世界的一個界限，而十二面體和二十面體則處於中間。因此很自然地，它們的鑲嵌方式也將是類似的，前者的情況是穿過了內部行星的天球，後者的情況則是沒有達到內部行星的天球。

　　然而，用角的頂點來表示二十面體和用底來表示十二面體的「海膽」，卻必定會充滿、包含或安排兩個區域，即屬於十二面體的火星和地球之間的區域以及屬於二十面體的地球和金星之間的區域。但哪對行星應該屬於哪種關係，前一公理已經說得很清楚了。根據本卷第一章，擁有一個有理的內切球的四面體被分配到了初級形體的中間位置，它的兩邊都是不可公度的球形的多面體，外面的是立方體，裏面的是十二面體。這種幾何性質，即內切球的有理性，從本質上代表了行星天球的完美鑲嵌。而立方體和它的共軛多面體的內切球只有平方之後才是有理的，因此，它們代表一種半完美的鑲嵌，在這種鑲嵌中，儘管行星天球的盡頭沒有被多面體各面的中心所觸及，但至少它的內部，即遠日天球和近日天球之間的平均——如果因其他理由這是可能的話——卻被各個中心所觸及。而另一方面，十二面體和它的共軛多面體的內切球無論是半徑的長度，還是半徑長度的平方，都是無理的；因此，它們代表著一種絕對非完美的鑲嵌，不與行星天球的任何地方相接觸，即各面中心無法達到行星的遠日天球。

　　儘管「海膽」與十二面體及其共軛多面體同源，但它卻與四面體有某種類似之處，因為內切於它的反轉的邊的球[⑩]的半徑與外接球的半徑不可公度，但卻與兩臨角之間的距離可公度[⑩]。於是，其半徑的可公度性的完美性幾乎與四面體一樣大，而它的不完美性卻與十二面體及其共軛多面體一樣大。因此，很自然地，屬於它的物理鑲嵌既不是

⑩即通過構成「海膽」核的十二面體的各邊中點的球。——中譯者
⑩內切於反轉的邊的球的半徑等於兩臨角間距的一半。——中譯者

絕對的四面體式的，也不是絕對的十二面體式的，而是一個居間的種
類。因為四面體的各面必定會觸及天球的外表面⑩，十二面體的各面與
之還相差一定距離，所以這個楔狀多面體用其反轉的邊處於二十面體
的空間和內切球的外表面之間，並且幾乎觸及這個外表面——如果這
個多面體能夠與其餘五種多面體保持一致，如果它的定律也許能被其
餘五種多面體的定律所准許。然而，為什麼我要說「也許能被准許」？
沒有這些定律，它們就不可用。因為如果一種鬆散的、不接觸的鑲嵌
與十二面體相合，那麼除了這個與十二面體和二十面體同源的輔助多
面體——這個多面體的鑲嵌幾乎可與它的內切球接觸，而且與天球的
距離（如果的確存在這段距離的話）不會大於四面體超過和穿過（天
球）的量——之外，還有什麼能把那種無限制的鬆散局限在一定範圍
之內呢？我們在下面就會討論到這個量。

　　「海膽」之所以會與兩個同源多面體結合（也就是說，為了能夠
確定它們留下來的尚未確定的火星與金星的天球之比），很可能是因
為這一事實：地球的天球半徑1000非常接近於火星的近日天球和金
星的遠日天球的比例中項，就好像「海膽」指派給與它同源的多面體
的空間已經在它們之間被成比例地分開了一樣。

　　48.命題。**正多面體在行星天球之間的鑲嵌不是純粹自由的，因為
它在每一個細節處都被極運動之間建立起來的和諧比例所阻礙了。**

　　根據「1.公理」和「2.公理」，每一個多面體的兩球之比不是直接
由多面體本身所表達的，而是通過多面體首先找到與天球的實際比例
最接近的和諧比例，然後把它調整到極運動。

　　其次，根據「18.公理」和「20.公理」，為了使兩種類型的普遍和
諧比例能夠存在，每一對行星的較大和諧比例必須要根據後驗的理由
進行調節。因此，根據本卷第三章中所闡明的運動定律，為了使這些
理由可以成立，可以通過它們自己的理由而得到支持，（由和諧比例建

⑩即天球必定接觸到了四面體各面的中心。——中譯者

立起來的）距離與從兩球之間的多面體的完美鑲嵌中得到的距離就應該有些出入。爲了證明這一點，並且弄清楚每一顆行星有多少距離被通過恰當理由建立起來的和諧比例帶走了，讓我們通過一種以前從未有人嘗試過的新的計算方法來從和諧比例中導出行星與太陽之間的距離。

這項探索分爲三步：第一，由每顆行星的兩種極運動導出行星與太陽之間的極距離，通過它們計算出由每顆行星所固有的極距離來確定的軌道半徑；第二，從以同樣單位量出的同樣的極運動中導出平均運動和它們之間的比例；第三，通過已經揭示出來的平均運動之比，求出軌道之比或平均距離之比以及極距離之比，再把它與從多面體中導出的比例進行比較。

關於第一步，我們必須回憶一下本卷第三章第六條的內容，即極運動之比等於行星與太陽的相應極距離之比的倒數的平方。因此，由於平方之比是比的平方，所以單顆行星的極運動的數值將被當做平方數，它的根將得出極距離的大小。要想求出軌道半徑和離心率，只要取它們的算術平均值就可以了。於是，至此建立起來的和諧比例就規定了：

行星	根據的命題	運動之比	運動之比的平方根⑪	軌道半徑⑫	離心率⑬	取軌道半徑爲100000時(離心率的值)
土星	38.命題	64:81	80:90	85	5	5882
木星	38.命題	6561:8000	81000:89444	85222	4222	4954
火星	41.命題	25:36	50:60	55	5	9091
地球	28.命題	2916:3125	93531:96825	95178	1647	1730
金星	28.命題	243:250	9859:10000	99295	705	710
水星	45.命題	5:12	63250:98000	80625	17375	21551

⑪這裏的比例有的乘上了共同因數，有的取了隨意的精度。——中譯者
⑫即極距離的平均值。每個值的單位都是各自行星極距離的單位。——中譯者
⑬即半徑與任一極距離之差。每個值的單位都是各自行星極距離的單位。——中譯者

　　關於第二步，我們又一次需要借助本卷第三章的第十二條，即平均運動既小於極運動的算術平均值，也小於其幾何平均值，然而它小於幾何平均值的量卻等於幾何平均值小於算術平均值的量的一半。由於我們所要求的是用同樣單位來表示的所有平均運動，所以讓我們把迄今為止在兩種運動之間建立起來的所有比例以及單顆行星的所有固有比例都按照它們的最小公因數確立起來，然後再取每顆行星的極運動之差的一半為算術平均值，取兩極距離之積與這個積的平方根之差為幾何平均值，再從幾何平均值中減去算術平均值與幾何平均值之差的一半，我們便得到了以每顆行星極運動的固有單位建立起來的每顆行星的平均運動的數值，根據比例規則，它們可以很容易地轉化成公共單位的值。

　　於是，我們就從規定的和諧比例得到了平均周日運動之比，即每兩顆行星的度數和分數之比，很容易檢驗它們是多麼接近天文學。

行星對之間的和諧比例			極運動的值		單顆行星的固有比例	單顆行星的平均		差值的一半	不同單位的不均運動的值	
						算術平均	幾何平均		固有單位	公共單位
1			土星	139968	64					
						72.50	72.00	.25	71.75	156917
	1		土星	177147	81					
	2		木星	354294	6561					
						7280.5	7244.9	17.8	7227.1	390263
	5		木星	432000	8000					
	24		火星	2073600	25					
						30.50	30.00	.25	29.75	2467584
	2		火星	2985984	36					
32	3		地球	4478976	2916					
						3020.500	3018.692	.904	3017.788	4635322
		5	地球	4800000	3125					
		5	金星	7464960	243					

1					246.500	246.475	.0125	246.4625 7571328
	3 8	金星	7680000	250				
	5	水星	12800000	5				
					8.500	7.746	.377	7.369 18864680
4		水星	30720000	12				

　　第三步則需要借助本卷第三章的第八條。在求出了單顆行星的平均週日運動之比以後，我們也可以求出它們的軌道之比，因為平均運動之比等於軌道反比的 ³⁄₂ 次方，而立方之比就是克拉維烏斯（Clavius）在其《實用幾何學》（*Practical Geometry*）一書的附表中所提出的那些平方之比的 ³⁄₂ 次方。[114]因此，如果我們的平均運動的值（如果需要，可以簡化成同樣的位數）需要在那個表的立方值中去尋找，那麼它們會在它們左邊的平方數一欄中指示出軌道之比的值。於是，前面被歸於單顆行星的以行星的軌道半徑為單位的離心率，就可以很容易地通過比例規則被轉化成對所有行星都適用的公共單位下的值。然後，通過把它們加到軌道半徑上和從軌道半徑中減去它們，行星與太陽之間的極距離就可以確定了。不過，根據天文學的慣常做法，我們將把地球的軌道半徑定為 100000，以使這個數無論平方還是立方，都僅由 1 和 0 組成。我們也可以把地球的平均運動提高到 10000000000，並通過比例規則，使得任一行星的平均運動的數值與地球的平均運動之比，等於 10000000000 比上這個新的值。因此，這項工作可以通過分別把五個立方根與地球的值進行比較來進行。

---

[114] C. Clavius, *Geometriae Practicae* (Rome, 1604)。克卜勒大約在 1606 年 10 月得到了這本書。在第八卷末尾，克拉維烏斯列了一張從 1 到 1000 的平方和立方表。——中譯者

不同單位的平均運動的值		在平方表中找到軌道之比[116]	半徑	不同單位的離心率		得到的極距離	
原先的值	在立方表中尋找的新的倒數值[115]			固有單位	公共單位	遠日距	近日距
土星 156917	29539960	9556	85	5	562	10118	8994
木星 390263	11877400	5206	85222	4222	258	5464	4948
火星 2467584	1848483	1523	55	5	138	1661	1384
地球 4635322	1000000	1000	95178	1647	17	1017	983
金星 7571328	612220	721	99295	705	5	726	716
水星 18864680	245714	392	80625	17375	85	476	308

因此，我們在最後一列就可以看出兩顆行星的收斂距離應該是多少了。所有的值都非常接近我在第谷的觀測數據中發現的那些距離[117]，只有水星有一些小的出入。天文學給它的距離似乎是 470、388 和 306，這些值都偏小。我們也許可以合理地猜想，這裏的不一致的原因或者是因爲觀測次數太少，或者是因爲離心率太大（參見本卷第三章），不過我們還是快點把計算完成吧！

現在就很容易把多面體的兩球之比與收斂距離之比進行比較了。

[115] 這一列的值是用地球的平均運動 4635322 除以前一列的值，再乘以 1000000 得到的。
　　——中譯者
[116] 這一列的值是把前一列的值的立方根平方，再除以 10 得到的。——中譯者
[117] 從第谷的觀測資料中導出的距離已經在本卷第四章中提出。——中譯者

如果多面體的外接球的通常 取爲100000的半徑變成：		那麼內切球的半徑 就由	變成	而由和諧比例 導出的距離爲	
立方體	8994	土星的57735	5194	木星的平均距離	5206
四面體	4948	木星的33333	1649	火星的遠日距	1661
十二面體	1384	火星的79465	1100	地球的遠日距	1018
二十面體	983	地球的79465	781	金星的遠日距	726
「海膽」	1384	火星的52573	728	金星的遠日距	726
八面體	716	金星的57735	413	水星的平均距離	392
八面內體的正方形⑬	716	金星的70711	506	水星的遠日距	476
	或476	水星的70711	336	水星的近日距	308

　　也就是說，立方體的面向下稍微伸進了木星的中圓；八面體的面還沒有達到水星的中圓；四面體的面稍微伸進了火星的遠日圓；「海膽」的邊還沒有達到火星的遠日圓；但十二面體的面遠遠不到地球的遠日圓；二十面體的面也幾乎同樣程度地沒有達到金星的遠日圓；最後，八面體的正方形一點都不相配，不過這沒有什麼壞處，平面圖形能在立體中起什麼作用呢？因此，你看到，如果行星距離是從迄今證明的運動的和諧比例中導出的，那麼前者的大小必定會像後者所允許地那樣大，但卻不像由「45.命題」所規定的自由鑲嵌定律所要求的那樣大。這是因爲，借用本卷卷首的蓋倫的話來說，這種完美鑲嵌的「幾何妝點」與其他可能的「和諧妝點」並非完全一致。爲了澄清這一命題，許多東西都必須通過實際的數值計算來證明。

⑬克卜勒試圖（但未獲成功）在這個表的最後兩行使用「八面體的正方形」（即正八面體腰部的四個點所連成的正方形）的比例。克卜勒曾在《宇宙的奧祕》第13章中說，水星的遠日軌道也許是內切於這個正方形內，而不是內切於八面體內，因爲他發現，用八面體的正方形中的圓代替內切球作爲水星軌道的外邊界是更合適的。他在這裏表明，八面體正方形的過小的比例既不能與金星的近日天球和水星的遠日天球密切地符合，也不能與水星的近日天球和遠日天球符合。他完全願意拋棄年輕時的想法。正如他在下面說的：「平面圖形能在立體中起什麼作用呢？」——中譯者

　　我並不隱瞞這一事實：如果我通過金星運動的固有比例來增加金星與水星的發散運動的和諧比例，並因而把水星的固有比例減少同樣的量，那麼這樣一來，我就得到了水星與太陽之間的如下距離：469、388 和 307，它們與天文學堤出的值精確相符。但是首先，我不能用和諧理由來保證這種減少，因爲水星的遠日運動將不會與任何音階相符，而且在那些相互對立的行星中，完整的對立模式也沒有在一切方面被保留下來；其次，水星的平均周日運動過大，以至於整個天文學中最爲確定的水星週期被太大地縮短了。但通過這個例子，我鼓勵所有那些有機會讀到這本書、並且一心致力於數學的原理和最高哲學的知識的人們：努力工作，或者拋棄在任何地方都適用的和諧比例中的一種，把它換成另一種，看看你是否可以接近本卷第四章所提出的天文學；或者用理性去論證，你是否可以用天體運動建立某種更好的、更適當的東西，它可以或者部分或者全部地摧毀我已經使用過的方案。無論屬於我們造物主的榮耀的有哪些東西，它們都可以經由本書平等地爲你所使用。直到這一刻，我認爲自己完全可以改變任何我發現早先想的不正確的東西，它們往往是一時不留意或心血來潮的產物。

　　49.總結。**在距離創生的時候，多面體讓位於和諧比例，行星對的較大和諧比例讓位於所有行星的普遍和諧比例（直至後者成爲必然的），這是恰當的。**

　　蒙天恩眷顧，我們現在碰到了 49，即 7 的平方；這也許就像一種安息日，緊接著前面關於天的構造的 6 次 8 個一組的討論。而且，儘管它本可以放在早先的公理中說，但我還是很恰當地把它寫成了**總結**：因爲上帝在欣賞他的創世工作時也是這樣做的：「上帝看著一切所造的都甚好。」[119]

　　這篇總結分爲兩部分：首先是一則關於和諧比例的一般性的證

明，它是這樣的：只要是在份量不等的不同東西中進行選擇，那麼首先應該選的就是更優秀的東西，而且只要可能，更拙劣的東西就應該讓位於它，就像「妝點」一詞似乎表明的那樣。正如生命比物體更優秀，形式比質料更優秀一樣，和諧妝點也比幾何妝點更優秀。

正如生命完善了生命體，後者天生就是用來實現生命功能的一樣（因爲生命是從作爲神的本質的世界原型中來的），[120] 運動也度量了被指派給每顆行星的區域，因爲一塊區域被指派給行星，就是爲了使它能夠運動的。但是五種正多面體，根據它們的名字本身，與區域的空間、數目和物體有關，而和諧比例卻與運動有關。再有，由於質料是彌散的、本身不明確的，而形式是明確的、統一的、能夠確定質料的，所以雖然存在著無限數量的幾何比例，但只有極少數才是和諧比例。因爲儘管在幾何比例中存在著確定、形成和限制的程度，而且通過把天球歸於正多面體，只有三個比例可以形成；但即使是這些幾何比例，也被賦予了一種爲其餘所共有的偶性，即預設了一種對量的無限種可能的分割，那些各項彼此不可公度的比例實際上也以某種方式包含了這種性質。但和諧比例都是有理的，它們所有的項都是可公度的，都是得自於確定而有限的平面圖形種類。無限可分性意味著質料，而項的可公度性或有理性卻意味著形式。因此，正如質料渴望形式，一塊適當大小的粗鑿的石頭渴望人體的形狀一樣，形體的幾何比例也渴望和諧比例——不是爲了後者能夠塑造和形成前者，而是爲了某種質料能與某種形式符合得更好，石頭的尺寸與某個雕塑符合得更好，形體的比例與和諧比例符合得更好；從而使它們能夠被塑造和形成得更完善，質料被它的形式所完善，石頭被鑿子鑿成一個生命體的樣子，而多面體的球的比例通過它最接近的、適當的和諧比例來形成。

我們迄今所說的東西可以通過我的發現史而變得更清楚。當我在 24 年前沉浸在這種沉思中時，我首先研究了單顆行星的天球是否彼此

[120] 參見第四卷。——中譯者

等距（因為在哥白尼那裏，天球是分離的，而不是彼此接觸的）。當然，我認為沒有什麼能比相等的關係更美妙了。然而，這種關係沒頭沒尾，因為這種質料上的相等既沒有表示運動星體的數目，也沒有表示確定的距離。於是，我開始思考距離與天球的相似性，即它們的比例。但同樣的麻煩出現了，因為儘管這時天球之間的距離是不等的，但它們並不像哥白尼所認為的那樣是不均勻地不等的，而且也沒有提出比例的大小和天球的數目。於是，我繼而考慮正平面圖形：它們通過圓的歸屬而產生了距離，但仍沒有提出確定的數值。最後，我想到了五種正立體：這時，無論是星體的數目還是距離的幾乎正確的數值都被揭示了，以至於我把餘下的不一致歸於天文學的精確程度。天文學的精確性在這 20 年裏被完善了許多；〔但是〕注意！在距離與正多面體之間仍然存在著出入，而且離心率在行星中的分佈相當不均等的原因也沒有得到揭示。在這個世界的居巢中，我一直都只是在尋找石頭——雖然可能是一種更優雅的形狀，但終歸是適合於石頭的——而沒有意識到雕刻家已經把它們塑造成了一尊非常考究的有生命的雕像。於是漸漸地，特別是在過去的這三年裏，我想到了和諧比例，而把正多面體棄做較不重要的東西。這既是因為和諧比例是基於最後一觸所給予的形式，而正多面體卻基於質料（它在宇宙中只是星體的數目和距離的大致距離），也是因為和諧比例能夠得出離心率，而多面體卻絲毫不能保證。也就是說，和諧比例提供了雕像的鼻子、眼睛和其餘部分，而多面體卻只是規定了粗略的外在大小。

因此，正如生命體和石塊都不是根據某種幾何形體的純規則製成的，而是有某種東西從外在的球形中去除，無論它可能有多麼精妙（儘管體積的正確大小保持不變），於是身體能夠得到為生命所必須的器官，石頭能夠得到生命體的形象；所以正多面體為行星天球規定的比例是低等的，它只關注身體和質料，因而必須盡一切可能讓位於和諧比例，以使和諧比例更能為天球的運動增輝。

結尾的另一個部分是關於普遍和諧比例的，它也有一個證明，這個證明是與前一個證明緊密相關的（事實上，它在前面「18.公理」中

就已經被部分地假設了）。完美的最後一觸屬於那種使世界更完美的東西，而那種較爲次要的東西要被去除（如果有一方要被去除的話）。然而，使世界更爲完美的是所有行星的普遍和諧比例，而不是相鄰兩顆行星的兩個和諧比例。因爲和諧比例是單位的某種關係，所以如果所有行星都能統一於同一個和諧比例，而不是每兩顆行星分別形成兩個和諧比例，那麼行星就更加統一了。因此，兩顆行星所產生的兩個和諧比例中必有一個需要屈從，以使所有行星的普遍和諧比例能夠成立。然而，需要屈從的比例必須是發散運動的較大和諧比例，而不是收斂運動的較小和諧比例。因爲如果發散運動發散了，那麼它們所關注的就不再是這一對行星，而是其他相鄰的行星了；而如果收斂運動是收斂的，那麼一顆行星的運動就會關注另一顆行星的運動：例如，在木星和火星這對行星中，木星的遠日運動會關注土星的運動，火星的近日運動會關注地球的運動；而木星的近日運動會關注火星的運動，火星的遠日運動會關注木星的運動。因此，收斂運動的和諧比例對於木星和火星是更適合的，而發散運動的和諧比例對於木星和火星來說就比較遠了。如果與兩顆相鄰行星離得較遠的、較爲不一致和諧比例能夠被調整，而不是它們的固有比例，即相鄰行星的更加相鄰的運動之間存在的比例被調整，那麼把相鄰的行星兩兩組合到一起的和諧比例就較少受到破壞。然而，這種調整不會很大。因爲比例關係已經被找到了，由此既可以建立所有行星的普遍和諧比例（兩種不同種類），又可以包容兩顆相鄰行星的個別的和諧比例（幅度僅爲一個音差）：事實上，四對收斂運動的和諧比例是純的，一對遠日運動和兩對近日運動的和諧比例也是純的；然而，四對發散運動的和諧比例卻相差不到一個第西斯(使華麗音樂中的人聲幾乎總是走調的最小音程)；而只有木星和火星的這種差距在一個第西斯和一個半音之間。因此顯然，這種相互屈從在任何地方都是非常好的。

至此，這篇關於造物主的作品的結尾就完成了。最後，我要把我的目光從資料表格上移開，把雙手舉向天空，虔誠而謙卑地向光芒之父祈禱：

　　噢！您通過自然之光在我們心中喚起了對恩典之光的渴望，由此將榮耀的光芒灑向我們；創造我們的上帝啊！我感謝您，您使我醉心於您親手創制的傑作，令我無限欣喜，心神蕩漾。看，我已用您賦予我的全部能力完成了我被指派的任務；我已盡我淺薄的心智所能把握無限的能力，向閱讀這些證明的人展示了您作品的榮耀。我的心智已經爲最完美的哲學做好了準備。如果我這只在罪惡的泥淖中出生和長大的卑微的小蟲提出了任何配不上您的意圖的東西，那麼請啓示我理解您的真正意圖，並對它們加以改正；如果我因您的作品的令人驚嘆的美而不禁顯得輕率魯莽，或者在這樣一部旨在讚美您的榮耀的作品中追求了我自己在眾人中的名聲，那麼請仁慈地寬恕我；最後，願您屈尊使我的這些證明能夠爲您的榮光以及靈魂的拯救進一份棉薄之力，而千萬不要成爲它們的障礙。

第十章　結語：關於太陽的猜想[121]

　　從天上的音樂到聆聽者，從繆斯女神到唱詩班指揮阿波羅，從運轉不息、構成和諧的六顆行星到在自己的位置上繞軸自轉的所有軌道的中心——太陽，儘管最完整的和諧存在於行星的極運動之間（這種極運動不是就行星穿過以太的真實速度來說的，而是就行星軌道周日弧的端點與太陽中心的連線所成的角度來說的），但這種和諧不會爲端點，即單顆行星的運動增添光彩，而是將所有行星連在一起，彼此之間進行比較，並成爲某種心智的對象的意義上來說的；由於沒有什麼對象是被徒勞地安排的，某種能夠被它推動的東西總是存在著，所

[121] 參見克卜勒在《哥白尼天文學概要》（p.10-11）中對這篇結語的評論。——英譯者

以那些角度似乎的確預設了某個類似於我們的目光或視覺一樣的能動者（關於這一點，請參見第四卷）。月下自然覺察到了從行星那裏發出來的光線在地球上所成的角度。的確，要猜想太陽上會有一種什麼類型的視覺或眼睛，或者感知這些角度除視覺以外還可以通過什麼樣的本能來實現，估測通過某種門徑進入心智的運動的和諧，即最後確認太陽上到底存在著一種什麼樣的心智，這對於地球上的居民來說是相當困難的。然而，無論它是怎樣的，六大天球圍繞著太陽永恆地旋轉以爲其增添光彩（就像四顆衛星陪伴著木星球，兩顆衛星陪伴著土星球，月亮作爲唯一一顆行星用它的運轉包圍著、映襯著、哺育著地球和我們這些棲身者一樣），加之這種顯然暗示著太陽至高恩典的特殊的和諧，使我不得不承認以下這些結論：從太陽發出並且灑向整個世界的光芒不僅像是從世界之焦點或眼睛發出的，一如生命和熱來自心臟，一切運動都來自統治者或推動者；而且反過來，這些至爲美妙的和諧也會像報答一樣遵照高貴的定律從世界的每一角落返回，最後匯集到太陽，或者說，運動的形式通過某種心智的作用兩兩會聚在一起，融合成單獨一種和諧，就好像用金塊和銀塊製成錢幣一樣；最後，整個自然王國的立法機構、宮廷、政府宅邸都坐落在太陽上，無論它的創造者給它指派了什麼樣的法官、大臣和王公貴族，也無論是一開始就創造了他們，還是中途把他們遷過去的，這些席位都早已爲他們準備好了。因爲作爲它的主要部分，地球的妝點在很長時間裏都缺少沉思者和欣賞者，這些爲他們指定的席位還是空的。因此，當我發現亞里斯多德的著作⑫中提到古代的畢達哥拉斯主義者曾經把世界的中心（他們把它叫做「中心火」，但實際的意思就是太陽）稱爲「朱庇特的護衛」〔(希臘文)「宙斯的護衛」〕時，我被深深地觸動了；這也就是古代的《聖經》翻譯者在把《詩篇》中的詩句翻成「神把他的帳幕安

---

⑫ Aristotle, *De caelo*, 293 b 1-6。——中譯者

設於太陽」⑫ 時，頭腦中反覆思考的內容。

不過最近，我還偶然讀到了柏拉圖主義哲學家普羅克魯斯（我們曾在前面幾卷多次提到他）獻給太陽的讚美詩，其中充滿了值得敬重的奧祕，如果你把「聽見我」這一句從中移除的話；儘管我們已經提到的那位古代翻譯者在一定程度上爲這句話作了辯解：當他援引太陽時指的是其背後的含義──「他把他的帳幕安設於太陽」。因爲在普羅克魯斯生活的時代（在君士坦丁大帝、奧勒留、叛教者尤利安治下），把我們的救主拿撒勒的耶穌稱之爲神，並且譴責異教徒詩人的神是犯法的，這會被這個世界的統治者和民族本身施以各種懲罰。⑫ 雖然普羅克魯斯通過心靈的自然之光，從他自己的柏拉圖主義哲學出發，認識到上帝之子是進入這個世界，並且照徹了每一個人的眞正光亮，而且他已經知道，與迷信的大眾一道去追尋神性是徒勞無益的，但他似乎還是傾向於在太陽而不是在基督這個活著的人身上尋求神。因此，他既通過用言辭歌頌詩人的太陽神而欺騙了異教徒，又通過把異教徒和基督徒都從可感事物（前者是可見的太陽，後者是聖母瑪利亞的兒子）中引出來，從而服務於他自己的哲學，因爲他拋棄了道成肉身的奧祕，過分信任他的心靈的自然之光；最後，他把被基督徒認爲最神聖的、與柏拉圖哲學最一致的東西吸收進他自己的哲學中。⑫ 所以，對於基督

---

⑫克卜勒的翻譯不是對原始希伯來文本的準確翻譯，原文是「神在其間爲太陽安設帳幕」，參見《詩篇》19：4。──中譯者

⑫克卜勒在這裏弄錯了，因爲他所引用的君主都統治於西元 4 世紀，而普羅克魯斯卻生活在西元 5 世紀（410-485）。在普羅克魯斯的時代，基督教已經是羅馬帝國的主流宗教。──中譯者

⑫古人對他的著作《聖母殿》（Metroace）的判斷是，他在其中帶著一種神聖的狂喜，提出了關於神的普遍教義，作者的許多眼淚打消了讀者的所有疑慮。然而，這位作者還寫了 18 種三段論（epichiremata）來攻擊基督教。約翰·菲洛波努斯（John Philoponus）反對這些三段論，他批評普羅克魯斯對希臘思想的無知，而事實上，後者捍衛的正是希臘思想。──原注

福音教義的指責也可以同樣的方式用於指責普羅克魯斯的這首讚美詩：讓這位太陽神把「金色的韁繩」和「光芒的寶庫，居於以太中央的席位，宇宙中心的耀眼的光環」據為己有，哥白尼也把這些東西歸之於他；讓他成為「戰車的馭者」，儘管古代的畢達哥拉斯主義者認為他僅僅是「中心」、「宙斯的護衛」——他們的這一學說由於數個世紀的遺忘而受到曲解，就像遭遇了一場洪水的洗劫，從而並沒有被他們的繼承者普羅克魯斯意識到一樣；讓他也保有從他本身生出的後代，以及任何自然的東西；反過來，讓普羅克魯斯的哲學屈從於基督教的教義，讓可感的太陽讓位於聖母瑪利亞的兒子——普羅克魯斯用「提坦」、「生命之泉的鑰匙的掌管者」的名字來稱呼他，用「使萬物充溢著喚醒心靈的洞見」的話來形容他；那種超乎命運之上的巨大力量，在福音書被傳播以前從未在哲學中讀到過⑫，惡魔懼怕他，視他為恐怖的鞭笞，暗地裏等待著靈魂，「以使他們能夠逃過高高在上的聖父的注意」；除了父的道，誰還能是「萬物之父的形象（由於他從聖母那裏的顯現，萬物之間相互衝突的罪惡停止了）」？——根據以下這些話：**地是空虛渾沌，淵面黑暗，神把光暗分開了，把水分為上下，把海與旱地分開了：一切事都是根據他的道成的。**除了上帝之子，靈魂的牧人，拿撒勒的耶穌，一個淚水漣漣的懇求者要想滌淨自己的罪和污穢——就好像普羅克魯斯承認原罪的傳染物一樣——保護我們遠離懲罰和邪惡，「把正義的銳利眼光（即父的憤怒）變得溫和」，還能向誰祈禱呢？我們讀到的其他一些東西（似乎是從撒迦利亞的讚美詩⑫ 中來的，或者，是《聖母殿》的一部分？）——「驅散有毒的、毀人的迷霧」，當靈魂還處於黑暗之中和死亡的陰影下的時候，是他給了我們「神聖的

---

⑫然而，在《斯維達斯（Suidas）詞典》（該詞典成書於西元 1000 年到 1150 年間，是我們瞭解古代哲學家的主要著作——中譯者）中，一些類似的說法被歸於了奧菲斯（Orpheus），他生活在很久以前，大約是摩西的同時代人，似乎是摩西的弟子。參見普羅克魯斯評論的奧菲斯的讚美詩。——原注

⑫參見《路加福音》1：68-80。——中譯者

光芒」和「來自虔誠的堅定不移的至福」；那就是說，終身在他面前，坦然無懼地用聖潔、公義侍奉他。

因此，讓我們現在把這些和類似的事物分離出來，把它們歸於它們所屬的天主教會的教義。但現在，讓我們看看這首讚美詩被提及的主要原因。因為這個太陽「從高天流溢出和諧的巨流」（所以奧菲斯也「使宇宙得以和諧地運行」），太陽神由此躍出，並且「伴著他的里拉琴，唱出美妙的歌使他喧囂的子孫安睡下來」，在合唱中與之相伴隨的是對阿波羅的頌歌，「使宇宙遍佈和諧，帶走痛苦」。我要說，這個太陽在讚美詩的一開始就被歡呼為「理智之火的君王」。通過這樣的開頭，他表明了畢達哥拉斯主義者所理解的「火」是什麼意思（所以很奇怪，他的弟子在中心位置方面的觀點竟不同於老師，認為中心應該是太陽），同時把他的整首讚美詩從可感的太陽及其性質和光轉到理智的事物；他把太陽的高貴的席位讓與了他的「理智之火」（也許是斯多葛派的創生之火），讓與了柏拉圖的創生之神、首要心靈或「純粹理智」，從而把造物和創造萬物的他混同了起來。但我們基督徒被教誨要進行更好的區分，知道這種永恆的、自存的「與神同在」[12]的「道」不被囿於任何地方，儘管道在一切事物之內，沒有任何東西能夠把它排除在外，儘管道外在於一切事物，從最榮耀的貞女瑪利亞的子宮而出生，成為一個人，當他肉身的使命完成之後，就把天當成了他高貴的居所，在那裏通過他的榮耀和威嚴凌駕於世界的其他部分，他的天父也居於此處，他還向信眾許諾他居於聖父的住所。至於關於那個住所的其他方面，我們認為探究任何更進一步的細節，召喚自然感官或理性找出眼睛看不到的東西，耳朵聽不著的東西，以及那些還沒有進入人的心靈的東西是無益的。但我們應當把被造的心靈——無論它有多麼出色——屈從於它的創造者，我們既不像亞里斯多德和異教哲學家那樣引入理智的神，也不像波斯祆僧那樣引入無數行星的精靈，也不認

---

[12] 參見《約翰福音》1：1。——中譯者

爲它們或者是被崇拜，或者是被召喚而通過法術與我們溝通的。懷著對此的深深的謹慎，我們自由地探究每一心靈的本性會是什麼，特別是，如果在世界的中心有某種心靈與事物的本性聯繫非常緊密，履行著世界靈魂的功能的話——或者，如果有某些與人的本性完全不同的智慧生物偶然居住或將要居住在一個如此充滿生機的星球上的話〔參見我的《論新星》（*On the New Star*）的第 24 章，「論世界靈魂和它的某些功能」〕。但如果我們可以把類比當做嚮導，穿越自然之謎的迷宮的話，我認爲這樣主張是恰當的：根據亞里斯多德、柏拉圖、普羅克魯斯和其他一些人的區分，六個天球與它們的共同中心，即整個世界的中心之間的關係就好比是「思想」與「心靈」之間的關係；行星圍繞太陽的旋轉之於太陽在整個體系的中心位置旋轉而不發生變化（太陽黑子就是證據，《火星評注》已經就此提出了證明[12]），就好比推理的雜多過程之於心靈的最單純的理智。自轉的太陽通過從自身釋放的形式而推動所有行星，所以正如哲學家所說的，心靈也通過理解自身以及自身當中的一切事物來激發推理，通過把它的簡單性在它們中間分散和展開，來使一切變得可以理解。行星圍繞太陽旋轉與推理過程之間的聯繫是如此緊密，以至於如果我們所居住的地球沒有在其他天球中間量出它的周年軌道，不斷地變化位置，那麼人的推理便永遠也不可能把握行星之間的真實距離以及其他依賴於它們的事物，於是也就永遠建立不起來天文學〔參見《天文學的光學部分》（*Optical Part of Astronomy*），第九章〕。

　另一方面，通過一種優美的對稱，與太陽靜居於世界的中心相對的就是理智的簡單性，因爲迄今爲止，我們一直都想當然地認爲，太陽的那些運動的和諧既不是由地域方向的差異，也不是由世界的廣度規定的。事實上，如果有任何心靈能夠從太陽上觀察那些和諧，那麼它的居所就沒有運動和不同位置能夠幫助這種觀察，而正是通過這些

[12]《新天文學》（*Astronomia nova*），第三十四章。——中譯者

東西，它才能進行必要的推理和反思，從而量出行星之間的距離。因此，它所比較的每顆行星的周日運動並不是行星在各自軌道上的運動，而是它們在太陽中心掃過的角。所以如果它具有關於天球大小的知識的話，那麼這種知識就必定是先驗地屬於它的，而不需要進行任何推理。自柏拉圖和普羅克魯斯以來，這在什麼程度上對人的心靈和月下自然爲眞，已經說得很清楚了。

在這種情況下，如果有人從畢達哥拉斯之杯痛飲了一口而感到溫暖（普羅克魯斯從讚美詩的第一句就進入了這種狀態），如果有人由於行星合唱的甜美和諧而進入夢鄉，那麼他這樣夢想是不奇怪的（通過講述一個故事他可以模仿柏拉圖的亞特蘭蒂斯（Atlantis）⑬，通過做夢可以模仿西塞羅筆下的西庇阿⑬）：在其他圍繞太陽不停旋轉的星球上分佈著推理的能力，其中有一個必當被認爲是最優秀的和絕對的，它位於其他星球的中間，這就是人所居住的地球；而太陽上卻居住著單純的理智、心靈或所有和諧的來源，無論它是什麼。

如果第谷·布拉赫認爲荒蕪的星球並非意味著世上的一無所有，而是棲息著各種生物，那麼通過地球觀察到的星球，我們就能夠猜想上帝是如何設計其他星球的。水中沒有空隙容納供生物呼吸的空氣，他創造了水棲動物；天空廣闊無際，他創造了展翅翱翔的鳥類；北方白雪覆蓋，他讓白熊和白狼居在那裏，熊以鯨爲食，狼以鳥蛋爲生；他讓駱駝生活在利比亞烈日炎炎的大沙漠，因爲牠們能忍耐乾渴；他讓雄獅生活在敍利亞浩瀚無邊的荒野，因爲牠們能忍耐饑餓。難道他已在地球上將一切造物技藝和全部善良用盡，以致不能也不願意用相稱的造物去妝點其他星球？要知道，星體運轉週期的長短、太陽的靠

⑬ 亞特蘭蒂斯，大西洋中一傳說島嶼，位於直布羅陀西部，柏拉圖在《蒂邁歐篇》和《克力提亞斯篇》（Critias）中聲稱它在一場地震中沉入海底。——中譯者
⑬ 西塞羅在《論共和》（De Republica）結尾寫過「西庇阿之夢」（Somnium Scipionis）。——中譯者

近與遠離、各種不同的離心率、星體的明暗、形體的性質，這一切，任何地區都少不了。

看吧！正如地球上的一代代的生物具有十二面體的雄性形象，二十面體的雌性形象（十二面體從外面支撐地球天球，二十面體從裏面支撐地球天球），以及兩者結合的神聖比例及其不可表達性的生育形象，我們還能假定其他行星從其餘的正多面體中得到什麼形象？為什麼四顆衛星會圍繞木星運動，兩顆衛星圍繞土星運動，就像月球圍繞我們的居所運動呢？事實上，根據同樣的方式，我們也可以就太陽做出推論，我們將把從和諧比例——它們本身就是很有份量的——中得出的猜測與那些更偏向於肉身的、更易於普通人理解的其他猜測結合在一起。是否太陽上沒有人居住，其他行星上擠滿了居民（如果其他每一樣事物都相符的話）？是否因為地球呼出雲霧，太陽就呼出黑煙？是否因為地球在雨水的作用下是潮濕的，可以發芽吐綠，太陽就用那些燃燒的點發光，通體竄出明亮的薄焰？如果這個星體上沒有居民，那麼所有這些有什麼用？的確，難道感官本身不是在大聲呼喊，火熱的物體居於這裏，可以接納單純的心智，而太陽即使不是國王，也是「理智之火」的女王嗎？

我有意打斷這個夢和沉思冥想，只是和《詩篇》作者一起歡呼：

> 聖哉，我們的主！大哉，他的德行和智慧無邊無盡！讚美他，天空！讚美他，太陽、月亮和行星！用盡每一種感官去體察，用盡每一句話語去頌揚！讚美他，天上的和諧！讚美他，業經揭示的和諧的鑒賞者

（特別是您，歡樂的老梅斯特林，您過去常常用希望的話語激勵這些）：

> 還有你，我的靈魂，去讚美上帝，你的造物主，只要我還活著。因為萬物從他而生，由他而生，在他之中，無論是可感的還

是理智的；我們完全無知的和已知的東西都只是他微不足道的部分，除此以外還有更多。讚美、榮耀、光輝和世界屬於他，永無盡期。阿門。」

全文完

這部著作完成於 1618 年 5 月 17 日至 27 日；但（在印刷過程中）第五卷又於 1619 年 2 月 9 日至 19 日進行了修訂。

林茨，上奧地利首府